Das Buch

Wir gestalten die Welt nicht durch unseren Konsum, sondern durch unsere Arbeit. Und sowieso: Regeln ersetzen nicht ihren Sinn. Dieses Buch ermutigt zu einer neuen und konstruktiven Vorgehensweise mit der eigenen Jobsuche, zu einer aufrechten Haltung in der Arbeitswelt und zu einem klugen Umgang mit Komplexität.

Die Autorin

Cathy Narriman, geboren 1974, lebt in Berlin. Sie wollte schon laut Abi-Zeitung „Berufsberater" werden. Das wollten in ihrem Jahrgang zwar alle – eine Anti-Hommage an den unfähigen Berufsberater, von dem man leider nichts lernte. Aber sie ist die Einzige, die es wirk--lich geworden ist: Nach Stationen als Politikwissenschaftlerin in der politischen Verwaltung, Medienwelt und Bildungslandschaft entwickelte sie 2014 die Methode „Flipped Job Market". Hier stellt sie mit ihrem Team vermeintlich Unumstößliches in der Arbeitswelt auf den Kopf, als Coach, Autorin und Moderatorin – und zu dritt gründeten sie schließlich das „Flipperium". Cathy Narriman berät Jobsuchende, Teams und Organisationen für eine gelingende und solidarische Arbeitswelt.

Cathy Narriman

Das Gerne-Prinzip

Jobsuche auf den Kopf stellen

Für Frederick, Michel und Lucy

Inhalt

Was ist das Gerne-Prinzip?

Für mich ist das Gerne-Prinzip vor allem eines: sehr praktisch. Es sorgt in meinem Leben dafür, dass ich fast alles, was ich tue, gerne mache. Oder andersrum: Ich mache nur Sachen, die ich wirklich gerne tue und wichtig finde. Allein schon, um nicht gegen mein eigenes Prinzip zu verstoßen.

In diesem Buch beschreibe ich, was ich unter einem wertegeleiteten „gerne" verstehe und wie ich es zu einem Prinzip ausgebaut habe. Dieser Essay handelt davon, wie gut es für uns alle und die Gesellschaft wäre, wenn alle Menschen möglichst nur Dinge täten, die sie gerne tun.

Ich erzähle oft genug von diesem Prinzip, so dass ich ahne: Die einen denken jetzt, dass das so eine softe, verträumte Methode ist, für die es „einfach die richtige Haltung" braucht. Und Achtsamkeit und Gefühle. Wo spirituelle Leute ums Feuer tanzen und um sich selbst kreisen. Vielleicht etwas Schönes und Berührendes, finden sie – aber völlig utopisch für die harte echte Arbeitswelt da draußen.

Und andere denken: „Oha, dann ist das wohl so ein businessmäßiger letzter Schrei mit durchdesignten Schautafeln und Sieben-Schritte-Plänen, bald gibt es sicherlich die passende App dazu."

Weder noch.

Das Gerne-Prinzip ist ein aus der Wirklichkeit abgeschautes und in der Praxis bewährtes Denkmodell für eine gelingende Arbeitswelt und für eine radikal neue Arbeitskultur. Unter „gelingender Arbeitswelt" verstehe ich eine Arbeitswelt, in der möglichst alle wichtigen Aufgaben in der Gesellschaft erledigt werden, und zwar von Menschen, denen es gut dabei geht. Das Gerne-Prinzip ist insofern Diskussionsgrundlage und ein politischer Ansatz, als dass es im Kern um unsere Möglichkeiten der Welt-Gestaltung geht.

Das Gerne-Prinzip dient unter anderem als Basis für konkrete Handlungsansätze und -konzepte in der Bildungs- und Arbeitswelt, wie zum Beispiel Coaching für Jobsuche und Job Crafting, Beratung für Recruiting und Organisationsentwicklung, Weiterbildungen zur Berufsorientierung an Schulen und vieles mehr. Theoretisch soll es jeder Mensch für sich lernen, umsetzen und nutzen können mit dem Ziel, selbstbestimmt und selbstwirksam zu leben und es weiterzutragen.

Selbstverständlich sind viele Ideen aus bereits bestehenden Methoden und Denkmodellen ins Gerne-Prinzip eingeflossen. Es baut auf Bewährtem auf, das ich teilweise für die heutige und hiesige Arbeitswelt angepasst habe. Teilweise habe ich neues dazu erfunden oder anders eingeordnet. Das Gerne-Prinzip ist als lebendiges Modell angelegt, das mitwächst und dessen eigene Weiterentwicklung ihr fester eigener Bestandteil ist.

Wie ein Coaching für potenziell Jobsuchende nach dem Gerne-Prinzip funktioniert, erläutere ich später ausführlicher. Schauen wir uns zum Einstieg zunächst an, wie die Jobsuche, die ich mit dem Gerne-Prinzip auf den Kopf stelle, in der Regel heute aussieht:

„Glücksspiel" Bewerbungsverfahren: Rien ne vas plus!

Viele kennen diesen großen Wunsch bei der Suche nach einem neuen Job: endlich ohne Bauchweh zur Arbeit gehen, einigermaßen Freude an den Aufgaben haben, gut davon leben können, nette Menschen um sich haben, weder über- noch unterfordert werden, freundliche (oder keine) Vorgesetzte(n) haben.... Ob aus dem goldenen Käfig einer gutdotierten Anstellung oder aus einem mies bezahlten Job heraus, ob aus der Arbeitslosigkeit, einem Sabbatical oder der Elternzeit, nach dem Studium oder nach einem langen Berufsleben nochmal neu starten – alle vereint die Sehnsucht nach dem Traumjob!

So sehr es mir leid tut, aber ich muss hier verkünden, dass es ihn nicht gibt, den Traumjob. Und das Gerne-Prinzip daher auch unmöglich dabei helfen kann, ihn zu finden. Denn selbst wenn ich einen vermeintlichen Traumjob herbeizaubern könnte, so wäre das wenig hilfreich – die Gefahr, dass sich schon eine Woche, zwei Monate, drei Jahre später der Traumjob als sein Gegenteil herausstellt, ist zu groß. Das Leben ist viel zu komplex, dynamisch und bunt, als dass ein Traumjob ein Traumjob bleiben könnte. Da braucht bloß der nette Kollege wegzuziehen, mit dem man so ein gutes Team bildete. Oder es kommt eine neue Chefin, mit der man nicht klarkommt. Oder die Firma wird verkauft, oder man bekommt neue Aufgaben, die einem nicht schmecken, muss vielleicht an einem anderen Standort arbeiten. Natürlich kann es genauso passieren, dass man selbst für sich feststellt, dass sich die Lust auf eine Aufgabe nach einer Weile erschöpft hat, der Arbeitsweg nach dem Umzug plötzlich zu umständlich oder die Arbeit zu anstrengend geworden ist unter neuen Lebensumständen. Oder aber: Es kommt eine Pandemie dazwischen, ein Krieg, eine Krise. Mit entsprechenden Folgen in der Arbeitswelt.

Kurzum: Dass der gefundene Job, egal wie traumhaft er ist, ein Leben lang so bleibt, ist mehr als unwahrscheinlich. Und wird in einer immer unübersichtlicheren Arbeitswelt immer unwahrscheinlicher.

Alle Anstrengung in die Suche nach dem einen Traumjob zu stecken und in Wahrheit immer wieder nur nach dem „nächsten" Job zu streben, greift meiner Ansicht nach zu kurz.

Also, hier gibt es keine Hilfe bei der Suche nach dem Traumjob. Dafür aber eine ganz fantastische Unterstützung dabei, fähig zu werden, immer wieder einen passenden Job finden zu können oder den aktuellen Job nachzujustieren. Das ist sehr viel nachhaltiger, als sich den nächsten Job zu angeln.

Das Gerne-Prinzip hält unzählige Möglichkeiten bereit, die eigene berufliche Zukunft weitsichtig zu gestalten: Ob es einen zu einem neuen Job führt, man damit nur ein paar wichtige Stellschrauben im bestehenden Job dreht, bis es wieder passt. Ob man sich selbständig macht, ins Sabbatical oder Teilzeit geht, sich komplett umorientiert, Neues ausprobiert, sich weiterbildet – oder erstmal den alten Job kündigt. Vieles ist denkbar.

Um zu verstehen, was dabei hilft, so einen Weg auf Dauer und dabei so selbstbestimmt und gelingend wie möglich zu gestalten, schauen wir uns zunächst an, wie der Arbeitsmarkt und die Jobsuche heute in der Regel funktionieren. Beziehungsweise: Wir schauen uns dabei vor allem an, wie und warum er eben sehr oft *nicht* funktioniert und paradox ist. Um dann herzuleiten, wie das Gerne-Prinzip dabei hilft, besser gelingende Wege zu finden. Erst wenn wir verstehen, wie Realitäten entstanden sind, können wir neue schaffen:

Seit vielen Jahren frage ich buchstäblich wöchentlich Leute in meinen Vorträgen und Veranstaltungen: „Wenn ihr auf Jobsuche seid, wie macht ihr das?“ Und bekomme seit Jahren immer wieder die gleichen Antworten: Stellenanzeigen lesen, nach „offenen Stellen“ suchen. Auf Stellenportalen oder spezialisierten Jobplattformen, auf den Karriereseiten von Unternehmen und Organisationen in Job-Newslettern, in der Stellenbörse der Bundesagentur für Arbeit etc. Hinzugekommen sind die beruflichen Social-Media-Netzwerke, und nach wie vor gibt es auch jede Menge Karriere- und Ausbildungsmessen. Ach ja, und dann sind ja durchaus noch „Initiativbewerbungen“

zu erwähnen, und dass man im Bekanntenkreis herumfragt. Vereinzelt – und eher, wenn es um Führungspositionen geht – werden auch Leute von Headhuntern angesprochen. Das Geschäft mit Stellenanzeigen scheint zu laufen!

Da kann es noch so verheißungsvoll auf dem Bildschirm blinken: „Wir haben die Traumjobs für Sie!" – wir sollten der Wahrheit ins Auge blicken: Stellenanzeigen sind keine Jobs. Stellenanzeigen sind – nun ja – einfach nur Stellenanzeigen!

Schauen wir uns genauer an, was in Stellenanzeigen steht: Da steht, welche Organisation jemanden (m/w/d) für eine bestimmte Position sucht. Die gesuchte Person soll eine bestimmte Ausbildung und Erfahrung als Qualifikation mitbringen, nachzuweisen durch entsprechende Zeugnisse und Referenzen, vielleicht mit einer Mindestnote. Und dann steht das drin, was wir alle im Schlaf aufsagen können: Die gesuchte Person sollte flexibel und engagiert sein, teamorientiert und neugierig, belastbar und selbständig. Sie sollte starke Kommunikationsfähigkeiten mitbringen und gerne organisieren. So jung wie möglich sein, mit hundert Jahren Berufserfahrung, Führerschein und Sprachkenntnissen.

An dieser Stelle konnte mal jemand während einer unserer Veranstaltungen nicht an sich halten und rief laut aus: „Genau! Die suchen eigentlich immer exakt die gleiche Person!" Die tollste Person der Welt, die all das „mitbringt".

Eine Stellenanzeige ist ein stark verkürzter, schriftlicher und verzerrter Ausdruck einer Wirklichkeit, die vielleicht eher so aussieht: „Wir sind total überlastet! Wenn wir nicht in den nächsten vier Wochen jemanden für diesen Posten finden, fahren wir das aktuelle Projekt gegen die Wand oder verlieren Kundschaft oder müssen eine Abteilung schließen. Dann bleiben Kinder unbetreut, Patienten unbehandelt, Geschäftszeiten unbesetzt, Produkte im Lager. Wir sind in Personalnot."

Und Moment mal, apropos Not: Fehlt da nicht noch was? Richtig! Da steht meistens gar nichts zum genauen Gehalt für die zu besetzende Stelle! Die Jobsuchenden werden immer und mit großer Selbstverständlichkeit aufgefordert, ihre Gehaltsvorstellungen in der Bewerbung anzugeben. Das Jobangebot selbst bleibt gerne vage und orientiert sich maximal ungefähr am TvÖD.

Warum ist das so? Eigentlich kann doch niemand eine Stelle ausschreiben, ohne sich vorher Gedanken darüber gemacht zu haben, wieviel Budget dafür da ist.

Ich habe zwei Thesen dazu: Die eine ist, dass es nicht gemacht wird, weil es immer schon so war, dass es nicht gemacht wird. Keine böse Absicht, einfach gedankenlos. Hört sich doch schließlich professionell an: „Richten Sie Ihre Bewerbung unter Angabe Ihrer Gehaltsvorstellung an XY."

Meine zweite These besagt: Das war und ist schon immer so, weil man sich dann aus den Bewerber*innen von den passendsten die günstigsten heraussuchen kann. Bei ähnlicher Qualifikation von Bewerbenden könnte dann eine geringere Gehaltsvorstellung den Ausschlag geben. Dann fliegt jemand aus dem Bewerbungsprozess, weil er oder sie verhältnismäßig hohe Gehaltsvorstellungen angegeben hat. Mag ja sein, dass tatsächlich nicht mehr Budget drin ist und man sich die andere Bewerberin „nicht leisten" könnte. Aber warum legt man das nicht von vornherein offen?

Interessanterweise erlebe ich auch manchmal, dass in einigen Kontexten auch andersherum eine zu bescheidene Gehaltsvorstellung, die man angibt, um aus eben genanntem Grund nicht rauszufliegen, dazu führt, als gering qualifiziert oder als eine Person mit wenig Selbstbewusstsein wahrgenommen zu werden. Und in denen eher derjenige den Job bekommt, der eine sehr hohe Gehaltsvorstellung angegeben hat. Weil das als Hinweis darauf gewertet wird, dass dieser Jemand es sich leisten und sich seine Jobs aussuchen könne und ergo bestimmt ein hoch qualifizierter Mensch sei.

Unter der Überschrift „Was wir bieten" stehen statt eines Budgets häufig vage Selbstverständlichkeiten. Wer Stellenanzeigen liest, schaut sich jedoch in der Regel nach Erwerbsarbeit um. Nicht nach neuen Freundschaften oder Abwechslung. Hier will und muss jemand vor allem doch eines: Geld verdienen. Um die Miete zu zahlen, den Lebensunterhalt zu bestreiten. Wie kann es sein, dass dort, wo es ums Geldverdienen geht, oft ausdrücklich wenig bis nichts zur Vergütung steht?

Was wir bis hierhin schon erkennen können, ist, dass so gut wie keine Stellenanzeige zu einem selbst passt: falsche Branche, Ort zu weit weg, keine Teilzeit möglich, Organisation passt nicht zu den eigenen Wertvorstellungen. Oder man erfüllt die Anforderungen nicht, kann eine Qualifikation nicht nachweisen, ist zu unerfahren, zu alt, zu jung, hat zu viele Kinder, ist unterqualifiziert, überqualifiziert, von den vielen Lücken im Lebenslauf mal ganz zu schweigen.

Was für eine Frustration ist es, sich ständig vor Augen zu führen, was alles keine Option ist. Mein allererster Tipp ist daher immer, dies für eine Weile mal bleiben zu lassen. Stellenanzeigen-Detox! Das verschafft Zeit, spart Ressourcen und Frust.

Und man verpasst dabei recht wenig. Denn: Spielen wir spaßeshalber weiter durch, was passiert, wenn man trotz alldem dann doch eine vermeintlich passende Stellenanzeige gefunden hat. Yeah! Eine super Stelle in einem Unternehmen, das einem gefällt, für das man gerne arbeiten würde (keine Ahnung, wie es dort ist, wie genau die Aufgaben aussehen und was man da verdienen kann, aber hey, es wäre ein neuer JOB!). Und das Beste: Man bringt schon mit, was es laut der Stellenanzeige braucht: Die halbwegs passende Ausbildung kann man nachweisen. Teamfähig und flexibel kriegt man auch meistens hin. Die anderen Anforderungen ebenso – wobei ich nicht unerwähnt lassen möchte, dass sich laut Studien deutlich mehr Männer als Frauen auf Stellen bewerben, für die sie nicht alle angegebenen Anforderungen erfüllen. Confidence Gap nennt man das, einen Unterschied im Selbstbewusstsein. Wie auch immer, im Lebenslauf und Anschreiben kann man die Stationen betonen, die besonders gut passen – und andere weglassen. Also, schnell bewerben, bevor andere einem zuvorkommen!

Diesen besonderen Moment möchte ich kurz festhalten. Denn das ist der erste und sehr bemerkenswerte Moment, in dem ein starker Anpassungsprozess stattfindet: Man macht sich passend für einen Job. Schlimmer noch: Man macht sich passend für eine Stellenanzeige! Würde man sich am nächsten Tag auf eine weitere Stellenanzeige bewerben, so würde man sich für diese ebenso verbiegen, und zwar in eine entsprechend andere Richtung. Wäre da nicht immer der gleiche Name und das gleiche Foto – man könnte oft meinen, die verschiedenen Bewerbungen ein und derselben Person kämen von verschiedenen Leuten. Stellenanzeigen dienen absurderweise als Vorlage für die Bewerbung und somit für den eigenen Lebenslauf. Selbstvermarktung bis zur Unkenntlichkeit. Das verschriftlichte, verkürzte und verzerrte Abbild einer Person, die sich bewirbt. Auch hier steht nicht: „Leute, ich brauche dringend einen neuen Job, im alten halte ich es nicht mehr aus, und ich muss meine Miete bezahlen!“

Bewerbungen werden bis zur Perfektion und mit teurer Hilfe von Expert*innen, die die neuesten Tricks aus dem Recruiting kennen, aufgepimpt. Um den bestmöglichen Eindruck zu hinterlassen und eine positive Wirkung zu erzielen. Es wird viel Geld für Ratgeber und Bewerbungstrainings ausgegeben, die das richtige Verhalten und die passende Garderobe in Bewerbungsgesprächen lehren, sowie Tricks, wie man auf die immer gewiefteren Assessment-Fragen möglichst gewieft antwortet. Auch die Arbeitgeberseite lässt sich nicht lumpen und scheut kaum Geld und Mühe für Arbeitgeber-Marketing: Mit welchen Fragen finden wir am geschicktesten heraus, ob jemand wirklich geeignet ist? Ganze Assessment-Prozesse werden entwickelt und aufgesetzt. Und so überbieten sich beide Seiten über Jahrzehnte darin, sich zu vermarkten und immer trickreicher zu sein als die andere Seite.

Doch letzten Endes nützt das alles oft wenig: Man bekommt den Job, der so ist, wie er ist – und nicht immer so, wie angepriesen oder ausgemalt. Und andersherum bekommt man letztlich den oder die Bewerber*in, die eben auch so ist, wie sie eben ist. Und vielleicht nicht so, wie ihr Auftreten im Bewerbungsprozess glauben machen ließ.

Was für ein absurdes und auch trauriges Spektakel. Ausdruck großer Hilflosigkeit auf allen Seiten bei dem Versuch, Aufgabe und Personal möglichst gut zu matchen.

Vielleicht ist dies ein guter Moment, um klarzustellen: Ich behaupte nicht, dass klassische Bewerbungsprozesse nicht funktionieren können. Ich weiß, dass sie das häufig erstmal tun. Ich weiß aber auch, dass sie aufwändig sind, oft auch nicht (oder nicht nachhaltig) funktionieren und sie vor allem nur auf einen Bruchteil des Arbeitsmarktes abzielen – und dabei die eigentlich zu erledigende Arbeit aus dem Blick verlieren. Wir brauchen neue, realitätsnahe und langfristig funktionierende Modelle.

Aber lasst uns erstmal weitermachen: Was passiert als nächstes im Bewerbungsprozess? Als nächstes stellen wir fest, dass man sich automatisch und mit großer Selbstverständlichkeit in einer Konkurrenzsituation wiederfindet. Man geht davon aus, dass sich auch andere auf die Stelle bewerben. Ist ja schließlich eine öffentlich ausgeschriebene Stelle. Im offenen Stellenmarkt. Und man setzt daher alles daran, oben auf dem Stapel der Bewerbungen zu landen. Ob es nun hunderte oder nur zwei Mitbewerber*innen sind, das weiß man natürlich nicht so genau. Ist auch egal. Konkurrenz bleibt Konkurrenz.

Und ab diesem Zeitpunkt muss man sich – und ja, ich übertreibe hier natürlich maßlos – auf ein mehrstufiges Glücksspiel verlassen, rien ne vas plus:

Nachdem man das Glück hatte, die Stellenanzeige zu finden, landet man nur mit nochmal etwas Glück oben auf dem Stapel der Bewerbungen. Hierauf hat man nämlich viel weniger Einfluss, als man denkt. Denn letztlich hängt es davon ab, wie viele andere Bewerber*innen es gibt, wie „gut" oder „schlecht" deren Bewerbungen sind, wie die Leute, die die erste Auswahl treffen, gelaunt sind und so weiter. Vielleicht wird insgeheim ohnehin ein anderes Geschlecht bevorzugt? Oder jemand mit bescheideneren (wahlweise: unbescheideneren) Gehaltsvorstellungen bekommt den Vorzug?

Wollen wir aber mal davon ausgehen, dass wir hier ein echtes Glückskind begleiten, das eine Runde weiterkommt. Diese nächste Runde ist ein bisschen heimlich und heißt: Nasenfaktor. Nasenfaktor? Ob wir das nun gut finden oder nicht – es spielt eine wichtige Rolle, ob die Leute, mit denen man die ersten Gespräche in dem Unternehmen führt, einen mögen oder nicht. Leute nach ihrem ersten Eindruck oder gar nach Äußerlichkeiten auszusortieren ist doch aber verpönt, oder? Wo es doch um Qualifikationen und Chancengerechtigkeit geht! Mitnichten. Und ehrlich gesagt: mit Recht! Ich finde es nicht per se verkehrt, wenn zwischenmenschliche Einschätzungen und Vertrauen berücksichtigt werden, insbesondere bei kleinen Unternehmen. Menschen sind nicht ihre Zensuren und ihre Qualifikationen sind nicht Zertifikate. Allerdings sollte dieser Nasenfaktor meines Erachtens offener gespielt werden und darf nicht Korruption und Abhängigkeiten befördern. Und natürlich sind wir als Gesellschaft gefordert – und mit dem Gerne-Prinzip mache ich dafür einen Vorschlag – dass Beziehungen und Netzwerke nicht das Privileg von Wenigen bleiben. Dann ist es durchaus im Sinne der Sache – der gemeinsam zu erledigenden Aufgabe – auch in Ordnung, jemanden einzustellen, weil man sie oder ihn schon kennt und ihr vertraut oder weil man eine gute Menschenkenntnis hat und einschätzen kann, ob jemand zum Beispiel ein Team gut ergänzen könnte. Ich finde es viel schlimmer, wenn wir weiterhin so tun, als würden Stellen absolut fair und aufgrund von Qualifikationen besetzt, wenn in Wahrheit soziale Faktoren und Netzwerke darüber entscheiden. Denn der verheimlichte Nasenfaktor ist ein sehr ernst zu nehmendes Problem, wenn er gruppenbezogene Diskriminierung befördert und Menschen aufgrund ihrer Herkunft, ihres Aussehens, Geschlechts, Alters, Namens, ihrer sexuellen Orientierung, Sprache, Behinderung etc. benachteiligt beziehungsweise bevorzugt werden. Diese Problematik ist in der klassischen Idee von Stellenausschreibungen und Bewerbungen meiner Meinung nach so gut wie nicht lösbar. Anonymisierung von Bewerbungen – zum Beispiel durch das Weglassen von Fotos oder durch den Einsatz Künstlicher

Intelligenz – halte ich für hochproblematisch, da sie der Bedeutung von zwischenmenschlicher Begegnung, von Beziehungen und Resonanz in der Arbeitswelt nicht gerecht werden: Schließlich geht es bei der Arbeit immer auch um das Verhältnis von Menschen untereinander, um das Verhältnis von Menschen zu ihrer Umgebung und Umwelt, um Gedanken und Befindlichkeiten.

Drehen wir das Glücksrad eine Runde weiter: Geschafft, Nasenfaktor bestanden, so weit, so glücklich, unser Glückskind! Nun gilt es, Glück zu haben im Bewerbungsgespräch. Hoffentlich erwischt es einen guten Tag, hoffentlich gehört es zu denen, die „gut Bewerbungsgespräche können". Ob das eine Fähigkeit ist, die für die eigentliche Aufgabe später notwendig ist oder nicht, ist egal. Hierfür jedenfalls braucht es sie. Hoffentlich können die anderen Bewerber*innen das schlechter.

Aber mit etwas Glück haben in unserem Beispiel hier sogar auch die Leute auf der anderen Seite des Bewerbungsgesprächstisches einen guten Tag erwischt. Bingo, das Glück ist auf unserer Seite, eine Runde weiter!

Aber noch sind wir nicht durch, auch wenn unser Glückskind eine Zusage bekommen hat. Denn jetzt müsste noch die Gehaltsfrage geklärt werden. Vor vielen Jahren, als ich mich das letzte Mal irgendwo beworben hatte, entgegnete mir jemand an dieser Stelle auf meinen Hinweis, dass wir ja nun über das Gehalt sprechen müssten: „Also, Cathy, ich glaube nicht, dass es da noch irgendwas zu verhandeln gibt. Der Chef fand ja Bewerberin Nummer zwei auch nicht so verkehrt." Okay. Da gibt es dann in der Tat nicht viel zu diskutieren, denn natürlich ist Nummer zwei auch super. Und Nummer drei und vier und die anderen sieben auch. Und im Zweifelsfall macht's ein Praktikant auch für umsonst! So ist das, wenn eine Arbeitsstelle zum knappen Gut erklärt wird, um das sich die konkurrierende Meute streiten darf.

Ich habe damals den Job abgesagt – aber in unserem Beispiel drehen wir das Glücksrad weiter und gehen davon aus, dass sich unser Glückskind auch hier gut verhandeln konnte. Denn es ist noch nicht vorbei, jetzt braucht es nochmal so richtig viel Glück, nämlich: Dass ihm der Job auch wirklich gefällt. Und es nicht gleich nach ein paar Tagen kündigt, und sei es erstmal nur innerlich. Eine Kursteilnehmerin gestand mir einmal, sich an dieser Stelle sehr ertappt gefühlt zu haben: Nach einem einjährigen Einstellungsprozess in einer Behörde mit mehrstufiger Sicherheitsprüfung stand sie in ihrem neuen Büro – und ging rückwärts wieder raus. Noch in der ersten Woche kündigte sie.

In diesem Glücksspiel werden nicht nur viele Leute durch Absagen, durch Aussortieren unglücklich gemacht. Leider ist oft noch nicht einmal das Glückskind, der oder die ein*e Gewinner*in am Ende glücklich.

Herkömmliche Bewerbungsverfahren bieten zu wenig Raum für belastbare bewusste Entscheidungen beider

Seiten für eine Zusammenarbeit. In dem Glücksspiel geht es fast ausschließlich darum, welche*r Bewerber*in ausgesucht wird. Und zu wenig darum, ob sich auch die Bewerberin für die Stelle entscheidet.

Ist euch aufgefallen: In klassischen Bewerbungsverfahren ist es regelrecht vorgesehen, dass alle – bis auf eine*n – eine Absage bekommen. Man bekommt also nicht deswegen eine Absage, weil man einen Tippfehler im Anschreiben oder das falsche Hobby angegeben hatte. Es kann rechnerisch gar nicht anders sein, als dass man meistens sehr viel mehr Ab- als Zusagen bekommt.

Und ist euch noch was aufgefallen? In der Regel geht es zu fast keinem Zeitpunkt um die konkrete Arbeit, sondern nur um die Stelle. Und genau da setzen wir mit dem Gerne-Prinzip an.

Jobsuche mit dem Gerne-Prinzip statt Glücksspiel

Schauen wir uns also genauer an, was wir mit Hilfe unserer Leitgedanken „Gerne“, positivem Menschenbild, Serendipität und Resonanz verändern und auf den Kopf stellen können, um gelingendere Jobmatchings und Job Craftings zu ermöglichen, die nicht von Glück abhängen, sondern die man gestalten kann:

Als erstes streichen wir das Abonnieren und Durchforsten von Stellenanzeigen aus dem Alltag von Jobsuchenden. Keine Newsletter, keine Stellenbörsen, keine Traumjobs. Damit reduziert man schon einmal Frust und gewinnt eine Menge Zeit und Kraft. Weniger von dem Gefühl, ungebraucht, ungewollt und unpassend zu sein.

Als nächstes rate ich von individuellen Motivationsschreiben ab und empfehle, sich nicht selbst auf einen chronologischen Lebenslauf zu reduzieren. Schließlich sind wir alle so viel mehr als unsere Meilensteine und Referenzen. Maximal eine immer gültige Variante für alle Fälle reicht vollkommen aus.

Im nächsten Gedankenschritt lösen wir nun die Konkurrenzsituation auf: Die Menschen um uns herum, die sich für Ähnliches interessieren, sind unser bestes Netzwerk. Wir alle brauchen schließlich einander! Wenn alle einander unterstützen, ist allen geholfen. Schließlich gibt es genug zu tun da draußen, wir nehmen uns nichts weg, verschieden und einzigartig, wie wir alle sind. Und wenn, dann müssen wir eher über die Verteilung von Eigentum, Geld, Vermögen und Erbschaft reden – aber ganz bestimmt nicht über Arbeitsplätze. Konkurrenz ist menschengemacht, nicht naturgegeben.

Nun kann es ans Eingemachte gehen, an den wichtigsten Flip: Wir setzen alles daran zu vergessen, dass es um den Job geht. Stattdessen stellen wir den Menschen, um den es geht, in den Mittelpunkt: Es geht nicht um den Job, nicht um Jobsuche, sondern um das Leben eines Menschen. Aus dieser neuen Perspektive heraus wird dieser handlungsfähiger.

Wichtig ist, aus dem Anpassungs- und Selbstoptimierungsmodus herauszufinden. Dabei hilft zum einen eine biographische Standortbestimmung und zum anderen, den Fokus auf das Gelingende zu lenken, auf das, was man wirklich gerne macht und was einem wichtig ist, welche Themen einen interessieren.

Erst dann hebt man den Kopf und schaut nun nach vorne, findet eine Blickrichtung. Wie könnte die eigene Zukunft aussehen, wenn sich genau das verwirklicht hat, was man mag?

Auf diese Weise orientiert, geht es dann raus, das Gelände der Arbeitswelt erkunden und Informationen darüber sammeln – aber es geht selbst jetzt noch lange nicht auf Jobsuche. Wir vergessen noch immer, dass es um den Job geht! Stattdessen geht es auf eine systematische Recherchereise: Mit Leuten sprechen, sich Orte anschauen, sich vernetzen und Unvorhergesehenes finden. Hier schaut man sich die realen Arbeitswelten an, erlebt die Relevanz zu erledigender Aufgaben. Gleicht die gesammelten Informationen mit den Kriterien ab, die man sich selbst vorher gut überlegt hat und entscheidet selbstbestimmt: Hier würde ich gerne dieses oder jenes arbeiten.

Weil das Leben aber tatsächlich kein Wunschkonzert ist, recherchiert man dann weiter und erkundet, an welchen dieser Orte es jemanden wie einen selbst braucht: Man sucht nach Bedarfen, die man gern decken, Aufgaben, die man gerne übernehmen würde, und die tatsächlich gebraucht werden in der Organisation. Das alles findet man schlicht am besten heraus, wenn man sich mit den Leuten dort überall unterhält. Und keine Sorge: Es gibt dafür ganz einfache empirische Methoden, übrigens auch für Leute, die sich dafür für zu schüchtern halten.

An diesem Punkt angelangt, läuft es fast von allein weiter, dann ist das Jobmatching (oder sich selbständig machen oder Aufträge erhalten) fast unvermeidlich. Wenn beide Seiten einander brauchen, dann nimmt keiner dem anderen etwas weg, dann tauscht man Arbeitskraft gegen Lohn. Und schafft gemeinsam Mehrwerte. Es ist ein Deal.

Dieses Vorgehen ist im Grunde genommen nicht besonders spektakulär oder neu. Es ist von Leuten abgeschaut, die immer wieder passende Jobs finden. Diese wissen, was sie wollen und wo sie nicht mitmachen möchten. Sie vernetzen sich mit anderen, tauschen ihre Arbeitskraft gegen Geld. So läuft es – fast unbemerkt – in der realen Arbeitswelt, im verdeckten Arbeitsmarkt täglich hundertfach ab. Der Praxistest ist also längst erbracht. Nur das Nachahmen erscheint zu unmöglich und zu komplex. Wir lassen uns davon nicht beeindrucken, ist es doch ein funktionierender Weg!

Die meisten Jobs werden über Netzwerke vergeben, per Nasenfaktor und Beziehungen. Durch interne Ausschreibungen und Kontakte. Zweidrittel aller Stellen, so schätzt das Institut für Arbeitsmarkt- und Berufsforschung, werden nie offen ausgeschrieben. Warum steckt man so viel Energie in Bewerbungsverfahren, in nur circa ein Drittel der Möglichkeiten? Warum sich überhaupt mit Stellenanzeigen befassen? Leider muss ich das sogar noch toppen. Mir hat mal eine Leiterin einer Bundesagentur für Arbeit mit Vehemenz bestätigt: Von dem Drittel „Offener Stellenmarkt“ kann man getrost ein weiteres Drittel streichen – denn das sind Stellen, die zwar ausgeschrieben sind, bei denen aber längst klar ist, wer sie bekommt. Die aber eben ausgeschrieben werden müssen. Damit es fair ist. Aha. Was soll daran fair sein? Freie Stellen, die nicht frei sind? Hier ersetzen Regeln ihren eigenen Sinn.

Das Gerne-Prinzip unterstützt dabei, mehr Gestaltungsspielraum für alle zu schaffen, damit Netzwerke nicht Privilegierten vorbehalten bleiben.

Wie das Gerne-Prinzip entstand

Mir ist es wichtig zu erzählen, dass und warum das Gerne-Prinzip nicht auf dem Reißbrett entworfen wurde, sondern auf Erfahrungen basiert und stetig weiterentwickelt wird. Ich möchte erzählen, wie es aus meiner persönlichen Geschichte heraus entstanden ist. Denn darin liegt für mich die besondere Stärke: Es ist ein Denkmodell, das aus der Realität kommt und in konkrete (zum Beispiel Jobcoaching-)Methoden zurückübersetzt und skaliert werden kann. So wird es in vielen unterschiedlichen Realitäten und Situationen für viele andere nutzbar und von mir und meinen Kolleg*innen immer weiterentwickelt.

Seit meiner eigenen beruflichen Neuorientierung vor Jahren – als mein damaliger Job immer weniger zu mir und meiner neuen Lebenssituation mit kleinen Kindern passte – war ich auf der Suche nach einer interessanten neuen Tätigkeit zum Geldverdienen. Mit Hilfe des US-amerikanischen Karriereplanungsverfahrens Life / Work-Planning (L/W-P), das Richard Bolles in den 1970er Jahren entwickelt hat und das ich beim Coach John Webb gelernt habe, arbeitete ich für mich heraus, dass ich mit meinem Schaffen dazu beitragen möchte, Menschen von klein auf zu befähigen, ihr Leben selbstbestimmt „auf die Reihe“ zu bekommen. Mit dem Begriff „Alltagskompetenzen für Kinder“ nahm ich den Faden auf, vernetzte mich und wechselte aus dem internationalen Medienentwicklungsbereich zunächst in den Bildungsbereich und arbeitete für die damals frisch gegründete Initiative „Schule im Aufbruch". Dort stieß ich inhaltlich irgendwann immer wieder auf den Zirkelschluss: Wenn sich das System Schule und das Bildungssystem insgesamt nicht ändern, ist auch eine meines Erachtens notwendige freie und offene Lernkultur nahezu unmöglich. Denn auch die nachwachsenden Lehrenden, ja, alle Beteiligten in den dazugehörenden Organisationen sowie Eltern wurden selbst in einer Kultur der Bewertung, Konkurrenz und Leistungsorientierung sozialisiert, die sie daher selbst nur sehr schwerlich überwinden können. Und die sie folglich in ihrer eigenen Arbeitswelt – der Bildungswelt – reproduzieren und festigen!

Wie findet man da bloß raus? Es machte mich wahnsinnig, dass es so gut wie niemanden gibt, der unser heutiges und hiesiges Schulsystem richtig gut findet, und sich doch so wenig tut. Alle beschweren sich über die Zustände, Inhalte, Strukturen, alle schieben anderen Beteiligten oder Berufsgruppen die Verantwortung in die Schuhe. Da fehlt hier das Geld, dort steht die Problematik des Kooperationsverbots Bund-Länder im Weg. Von ideologischen Gräben und politischen Angstmachern ganz zu schweigen. Lehrer*innenmangel, Burnouts bei Kindern und Erwachsenen und regelmäßig „schlechtes" Abschneiden in internationalen Kompetenzvergleichen sorgen für Schlagzeilen. Da werden Stiftungsgelder in schwindelerregenden Höhen für unzählige Projekte und Initiativen aufgetrieben, und die großen unternehmensnahen Stiftungen engagieren sich hier auffällig intensiv. Jedes Jahr werden aufs Neue Initiativen gegründet (oft von frisch gebackenen Schulkindeltern, die nach jahrelangem Abstand zur eigenen Schulzeit empört sind), Festivals organisiert. Die Dokumentarfilme zum Thema mit den immer gleichen Gesichtern kann ich kaum noch auseinanderhalten. Alle wollen diesen Zustand nun endlich, von Grund auf, ein für alle Mal angehen. Und was ändert sich? So gut wie nichts. Außer, dass punktuell ein bisschen mehr digital organisiert wird. Und dies leider häufig, ohne dabei wirklich ein Problem zu lösen und dabei gleichzeitig neue zu generieren.

Ich fühlte mich immer weniger selbstwirksam in diesem Kontext. Und meine Erkenntnis daraus war: nicht die Bildungswelt, sondern die Arbeitswelt ist der wirkungsvollere Hebel. Wenn es den Lehrer*innen gut ginge bei ihrer Arbeit, auch den Schulleitungen und den Mitarbeitenden in Schulämtern. Wenn es eine gelingendere Arbeitskultur in den einschlägigen Gremien, Stiftungen und Kollegien gäbe, wenn die hier arbeitenden Menschen sich als selbstwirksam begreifen, Handlungsspielräume erkennen und danach handeln würden, sie keine Werteverletzungen fürchten und auch nicht begehen, verantworten oder mittragen würden – nur dann könnte ein Wandel in der Bildungswelt möglich werden.

Kurzum: Nachdem ich weder in der politischen Verwaltung noch in der Welt der Wissenschaft oder im Medienbereich einen passenden Weg für meinen politischen Gestaltungsdrang finden konnte, und dann auch der Bildungssektor für mich wegfiel, hatte ich verstanden: Die Arbeitswelt ist der aus meiner Sicht interessanteste und wirkungsmächtigste Hebel. Hier geht es um Umsetzung, um Handeln. Hier ist der Kontext, in dem jeder Mensch gar nicht anders kann als wirken: durch Tun oder Lassen.

Nun musste ich allerdings noch aus dem Dilemma finden, meinen Eifer, andere dafür zu begeistern und zu überzeugen, mit meiner noch stärkeren Überzeugung in Einklang zu bringen, dass Menschen möglichst autonom entscheiden und leben können sollen. Ohne, dass jemand anderes sie überzeugen müsste.

Aus diesem Dilemma habe ich längst herausgefunden – aber erst kürzlich habe ich entdeckt, dass der Soziologe Hartmut Rosa, den ich für seine Arbeit zu Entschleunigung und Resonanz schon lange sehr schätze, mir schon wesentlich früher hätte heraushelfen können: Zur gleichen Zeit als ich das Gerne-Prinzip entwickelte, hat er seinerseits einen sehr viel präziseren, wenn auch längeren Theorie-Begriff eingeführt: Den „demokratisch-deliberativen Auto-Paternalismus“. Damit bezeichnet er die Idee, dass es in einer Gesellschaft verbindliche Regeln braucht, die allerdings frei und demokratisch gemeinsam ausgehandelt sein müssen, damit sich alle aus sich selbst heraus und selbstbestimmt dazu verpflichten, sich an sie zu halten (sehr verkürzt erklärt, versteht sich).

Ich leite für meinen Bereich daraus ab, dass sich Menschen weder durch äußere Autorität noch durch den Markt fremdbestimmen lassen. Einen bestimmten Beruf etwa hauptsächlich deswegen zu wählen, weil die eigenen Eltern das so erwarten oder weil er bestimmten sozialen Gruppen vorbehalten ist oder weil etwas gesellschaftlich als „gute Gelegenheit" gilt, ist fremdbestimmt, paternalistisch. Meine Vision dagegen ist: Nur man selbst darf und sollte sich Regeln überlegen, an die man sich halten möchte, wenn man sich für oder gegen eine Arbeit oder einen Berufsweg entscheidet. Dabei helfen grundlegende Kriterien, die man selbst überprüfen kann, wie zum Beispiel: Welche Werte sind mir wichtig? Werden sie verletzt? Woran erkenne ich das konkret? Und wie möchte ich mich dann verhalten? Um berufliche Entscheidungen selbstbestimmt zu treffen, braucht man vor allem anderen meines Erachtens erst einmal die Gelegenheit, sich selbst zu reflektieren und sich mit anderen dazu auszutauschen. Um anschließend mit den gegebenen Umständen so selbstwirksam wie möglich umgehen zu können.

Da Hartmut Rosa Wissenschaftler ist und kein Coach, wie er selbst in diesem Zusammenhang bemerkt, ich wiederum zwar Politikwissenschaftlerin bin, aber als Coach und nicht als Wissenschaftlerin arbeite, erlaube ich mir, das Gerne-Prinzip als eine mögliche Übersetzung des selbstreflexiven auto-paternalistischen Gedankens in ein Coachingkonzept zu denken: Das Gerne-Prinzip ermöglicht Menschen, solche eigenen Regeln für sich auszuloten und Gestaltungsspielraum zu gewinnen. Statt eine bestimmte Methode auferlegen zu wollen oder bestimmte „Ergebnisse“ zu erarbeiten, schafft das Coaching nach dem Gerne-Prinzip ganz praktisch einen Rahmen für Selbstreflexion und Austausch, inspiriert dazu, selbstermächtigt zu handeln.

Wer einmal gelernt hat, gründlich und gut überlegt für sich sinnvolle Regeln nach dem Gerne-Prinzip aufzustellen, kann sie zum einen immer wieder selbstbestimmt an Veränderungen anpassen. Vor allem aber werden sie ihm zur belastbaren Entscheidungsgrundlage. So jemand wird kaum gegen diese Regeln verstoßen und kann sich gewissermaßen sicher sein, etwas zu tun, was ihm oder ihr gefällt, solange er sich an sie hält.

Für ein Coaching nach dem Gerne-Prinzip braucht es grundsätzlich eine Gruppe von sechs oder mehr Personen, um mit Resonanz an der jeweils eigenen Fragestellung zu arbeiten, andere Perspektiven kennenzulernen und einzunehmen, und sich selbst in Themen anderer einzubringen. Die Gruppe macht sich gemeinsam zu vier spielerischen Reisen auf:

Zunächst geht es auf eine Reise in die eigene Vergangenheit, das breite biographische Arbeiten. Anschließend schaut man sich in der Reise in die Gegenwart die eigenen

Prioritäten an. Die nächste Reise geht in die zu jenem Zeitpunkt imaginierte Zukunft, um eine neue Blickrichtung zu finden, und schließlich geht es empirisch raus in die reale Arbeitswelt. Für jede Reise steht ein Set an spielerischen Tools in sinngebender Reihenfolge zur Verfügung, die man teils für sich, teils in Kleingruppen und teils in großen Runden bearbeitet. Streng nach der Devise: Tools sind nicht dazu da, bedient zu werden. Andersherum: Sie sollen den Menschen dazu dienen, sich aufrichtig zu reflektieren und die vier Reisen ermöglichen.

Wir verabschieden auf diesen Reisen die vier dicken Bs des Arbeitsmarktes, und bieten für jedes dicke B eine Alternative nach dem Gerne-Prinzip an:

Abschied von den lästigen vier dicken Bs des Arbeitsmarktes!

Biographie

(chronologisch) mit Meilensteinen, Jahreszahlen und Zensuren, sowie mit erklärungsbedürftigen Lücken

Berufe

mit festgelegten, vermeintlich klaren Stellenprofilen

Branchen,

die sich an der Ähnlichkeit von Produkten oder Dienstleistungen orientieren (zum Beispiel „Modebranche").

Bewerbungen

auf dem offenen Stellenmarkt („Glücksspiel")

Und die Alternative nach dem Gerne-Prinzip

Themen und Bereiche quer zu allen Branchen. Mit dem Thema Mode kann man zum Beispiel in Bereichen wie Textilwirtschaft, Nachhaltigkeit, politische Verwaltung, Medien, Bildung, Forschung, Chemie, Transport, internationale Märkte, Entwicklungszusammenarbeit und noch vielen mehr zu tun haben.

Eine **Sonne** als Modell, in dem die Essenz aller momentanen Gerne-Fähigkeiten, -Ansprüche und -Themen ihren Platz findet, die einen Menschen aktuell ausmachen.

Gerne-Interessen und **Gerne-Fähigkeiten** in unendlichen Kombinationen (zum Beispiel das Interesse für Mode kombiniert mit den Fähigkeiten, gerne zu kommunizieren und gerne handwerklich zu arbeiten und dem Wissen über für Feminismus und demographischem Wandel)

Netzwerktechniken wie Recherche-Gespräche oder Kurz-Interviews

Drei Dimensionen des Gerne-Prinzips

Das Gerne-Prinzip umfasst folgende drei Dimensionen auf dem Arbeitsmarkt, die sich teilweise überschneiden und die miteinander resonieren. **Erstens die individuelle des Menschen als Schaffenden, zweitens die der Organisationen (in denen Mehrwerte geschaffen werden), und drittens die gesellschaftspolitische der zu lösenden Probleme und Aufgaben und deren Relevanz.** Wird über die Arbeitswelt gesprochen, wird häufig auf nur jeweils eine dieser drei Dimensionen Bezug genommen, meist auf Menschen oder auf Organisationen (wie zum Beispiel Unternehmen). Die politische und praktische Bedeutung und die Notwendigkeit von Arbeit in unserer Gesellschaft geraten dabei zunehmend in den Hintergrund.

Menschen

Ich verstehe **Menschen als Schaffende und Gestalter der Gesellschaft**. Das mag im Arbeitsweltkontext banal klingen, doch so banal ist es nicht: Auch und gerade in Kreisen, die sich für eine „bessere Welt" engagieren, erlebe ich, dass Menschen de facto und mit großer Selbstverständlichkeit in erster Linie als Konsumierende verstanden und angesprochen werden. Die „Macht der Konsumierenden" wird als Hebel für Veränderungen, für

Mitsprache und für den Einfluss der „kleinen Leute“ verstanden: „Konsumiere weniger Fleisch, kaufe kein Auto und schon mal bitte gar nichts auf Online-Plattformen. Bitte nicht fliegen und kein Plastik benutzen etc.“ Selbst wenn ich manch dahinterstehenden Gedanken und Wunsch durchaus teile, halte ich es für zu kurz gesprungen, Menschen als Konsumierende zu begreifen. Hannah Arendt, die große politische Theoretikerin (*Vita activa oder vom tätigen Leben*) bezeichnete es schon in den 1960er Jahren als unheilvoll, wenn Konsumieren an die Stelle aller relevanten Tätigkeiten und öffentlichen Handelns trete.

Abgesehen davon bietet der Konsumierenden-Ansatz Angriffsfläche für Vorwürfe à la „Verbotskultur“ und „Spaßbefreiung“ und so weiter. Und ist zudem tendenziell elitär, mühsam und wenig erfolgreich. Wie wir erleben: Es wird immer mehr und mehr produziert und konsumiert, und zwar alles. Egal, wie wir uns als Konsument*innen verhalten. Ich halte dagegen unsere Arbeitskraft für den weitaus größeren Einflussfaktor, für den interessanteren und wirkungsvolleren. Ob jemand zum Beispiel zehnmal im Jahr etwas bei einem großen Onlinehändler, mit dessen Praktiken er eigentlich nicht einverstanden ist und dessen Marktmacht er aus vielen Gründen nicht unterstützen möchte, bestellt oder nicht, fällt meines Erachtens kaum ins Gewicht und wird an der Marktstellung des Konzerns oder an den Lieferketten, Arbeitsplatzbedingungen und allem weiterem nichts ändern. Dazu müssten neben ihm abertausend andere ebenfalls auf ihre Onlinekäufe verzichten, was ob der Monopolstellung zunehmend schwieriger ist. Und weil er das aber schwerlich beeinflussen kann, fühlt er sich vielleicht sogar besonders ohnmächtig, und es fühlt sich vielleicht unfair an. Ob er aber für den Online-Händler selbst arbeitet oder sich mit seiner Arbeitskraft bewusst nicht dafür zur Verfügung stellt, kann rasch einen größeren Unterschied machen. Ohne ihn als IT-Spezialisten oder als Buchhalter oder Marketingmitarbeiter wird in diesem Unternehmen acht Stunden täglich eine bestimmte Arbeit nicht – durch ihn – verrichtet. Das hätte doch schon mehr Potenzial! Und wenn es auch nur dreißig weitere Leute am gleichen Standort ihm gleichtäten, wäre der Effekt sicherlich bemerkbarer. Natürlich spielen auch hier Privilegien und bereits faktische Marktmachtkonstellationen noch immer eine große Rolle, schließlich muss man es sich leisten können, auf einen Job zu verzichten, darauf komme ich noch zu sprechen. Doch für den Moment halte ich fest, dass der Effekt meines Erachtens größer und die Selbstwirksamkeit spürbarer ist, wenn wir Menschen als Schaffende begreifen. Mit Arbeit gestalten wir die Welt - sehr viel mehr als mit unserem Konsumverhalten. Deswegen ist Arbeit nicht nur für den Lebensunterhalt wichtig, sondern auch politisch! Also: Augen auf bei der Jobsuche!

Organisationen

Zweite Dimension des Gerne-Prinzips sind **die Organisationen, in denen Arbeitskraft organisiert und in konkrete Produkte und reale Dienstleistungen übersetzt wird.** Hier entstehen Ideen, hier wird Wert geschöpft, meist auch Gewinn erzielt. Unternehmen, Behörden etc. sind unterschiedlich groß und unterschiedlich organisiert. Für das Gerne-Prinzip interessiert es weniger, ob diese Strukturen hierarchisch oder soziokratisch aufgebaut sind, ob hier digital oder analog gearbeitet wird. Für mich ist relevant: Welche Arbeitskultur wird real gelebt? Wie sind die Menschen, die hier arbeiten? Für die man arbeitet? Wie sieht der Ort aus? Wie passen die zur Schau gestellten Werte zu den Handlungswerten? Wie wird ein Thema verstanden, besetzt, gelebt? Welchen Effekt hat die Organisation (im Sinne von Produkten, Dienstleistungen, Impact in der Welt)? Mich interessieren hier insbesondere auch die Organisationen des öffentlichen Handelns wie Behörden und zivilgesellschaftliche Organisationen. Organisationsstrukturen schaffen Fakten, können eingrenzen oder Raum geben. Vor allem aber werden sie von Menschen gemacht – und bedient oder nicht.

Eine Duz-Kultur oder flache Hierarchien sind beispielsweise leider kein Garant für eine machtsensible Arbeitskultur. Organisationen sind andersherum auf Menschen angewiesen, die für sie arbeiten. Sonst wird weder

Mehrwert geschaffen noch Gewinn erwirtschaftet. Hier kann das Gerne-Prinzip übrigens auch für Teamentwicklung und Führungsthemen inspirieren.

Im Kontext der Jobsuche und Berufsorientierung interessieren wir uns aber zunächst dafür, inwiefern jemand in diesen Strukturen gerne arbeiten möchte, also ob sie zu ihm passen.

Gesellschaftliche Aufgaben

Der dritte Punkt, der oft in den Hintergrund gerät, den ich aber für zentral halte, ist die **Relevanz der zu lösenden Probleme und Aufgaben.** Welche Aufgaben möchten wir gern erledigt wissen? Welche Probleme möchten wir gern lösen? Eine Arbeit ist mehr als Arbeitsplatz und somit kein Selbstzweck. Menschen suchen nicht Arbeit, sondern Wohlergehen. Erwerbsarbeit dient nicht nur dem Geldverdienen oder der Wirtschaftskraft. Arbeit ist notwendig, um Aufgaben zu erledigen, um Leben und langfristig Wohlergehen zu ermöglichen: Nahrungsmittel, Lebensmittel, Wohnraum, Infrastruktur, Technik, Gesunderhaltung, Bildung, aber auch Kunst, Kultur, Muße, Beziehungen, Fürsorge etc. Letztlich geht es um Produktivität und Mehrwertschaffung oder Wertschöpfung der Arbeit, im Sinne von Relevanz und nicht nur im Sinne von Nützlichkeit oder Verwertungslogik. Und die Grenzen zwischen

Erwerbsarbeit und zum Beispiel Sorgearbeit und Hausarbeit sind eng verwoben.

Wird Arbeit jedoch auf „Arbeitsplatz" verkürzt, dann machen wir aus ihr einen Selbstzweck, der wie eine Ware, wie ein knappes Gut gehandelt wird. Dann wird Arbeit hauptsächlich in Geld gewertet, anstatt in physischer, ökologischer, sozialer Wertschöpfung oder Auswirkung oder gesellschaftlicher Teilhabe und Selbstverwirklichung. Dann fließt Arbeitskraft vermehrt in die reine Geldvermehrung von Derivat- und Finanzmärkten, deren eigener gesellschaftlicher Mehrwert unter den entstehenden vergesellschafteten externalisierten Kosten liegt.

Wir haben lange erlebt: Jobsuchende fokussieren darauf, das knappe Gut „Job" zu bekommen und Geld zu verdienen. Und die Organisationsseite bemüht sich in dieser Logik, Stellen zu besetzen und dabei möglichst wenig Geld auszugeben. Das größte Problem in Deutschland war lange Jahre, dass es nicht genug Arbeitsplätze gab. Dieses Problem besteht nicht mehr, offiziell hat sich der Arbeitsmarkt entspannt. Dass Leute, die lediglich in „Maßnahmen" sind, nicht mehr als arbeitslos in der Statistik auftauchen, und dass manche Leute von ihrer Arbeit kaum leben können, wird dabei gern unerwähnt gelassen. Dumm nur, dass nun Fachkräfte zum nächsten knappen Gut und der Fachkräftemangel somit zum drängendsten Problem von Unternehmen ernannt werden. Hier versagt meiner Ansicht nach zunächst der Markt. Krankenpfleger*innen zum Beispiel sind nicht in erster Linie ein knappes Gut. Viele werden krank oder geben den Beruf auf, weil Sie einfach überlastet und dabei nicht gut genug bezahlt werden. Es braucht bessere Arbeitsbedingungen für sie. So wie die Arbeitslosigkeit nicht an sich das Problem ist (oder war), sondern dass Menschen deswegen ihren Lebensunterhalt nicht verdienen und an Gesellschaft teilhaben konnten oder davon krank wurden, so halte ich nicht den Fachkräftemangel an sich für das größte Problem. Das eigentliche Problem ist, dass Kinder in der Kita nicht betreut, Menschen in Kliniken nicht versorgt werden, das Amt nicht besetzt ist, das Optikergeschäft montags nicht mehr geöffnet hat.

Das Problem der Arbeitslosigkeit hierzulande wurde in der Vergangenheit nicht nur nicht gelöst, sondern unfairerweise durch Verlagerung in „Billiglohnländer" immer weiter verschärft. Wir stoßen hier inzwischen an viele menschenrechtliche und ökologische Grenzen, und überschreiten sie munter weiter. Ich halte es für ebenso kurzsichtig und ungerecht, die Lösung für den Fachkräftemangel zu verlagern und zu globalisieren. Das lenkt von einem radikalen Wandel der Arbeitswelt ab. Und wird über kurz oder lang auch an Grenzen stoßen, die wir meines Erachtens nicht ignorieren dürfen.

Aus dem Kampf um Arbeitsplätze schlittern wir also direkt in einen parallelen „War for Talent", ein Slogan, der übrigens die Erfindung einer der großen Unternehmensberatungen ist, deren Namen lange Jahre sprichwörtlich für radikalen Personalabbau und -auslagerung standen und die sich ausgerechnet jetzt für Beratung bei der Mitarbeitersuche stark machen.

Im Gerne-Prinzip geht es um die Relevanz der zu erledigenden Arbeit (auch um ihre Systemrelevanz), ihren Mehrwert, ihre Wertschöpfung, über die jeder für sich selbst befinden und wir gemeinsam als Gesellschaft verhandeln müssen. Nicht um „Arbeitsplatz“ und nicht um die „Arbeitskraft Mensch“ als Ware. Arbeitnehmerseite und Arbeitgeberseite gehen im Sinne des Gerne-Prinzips eine Allianz ein und schaffen gemeinsam Mehrwerte für das Wohlergehen aller – auch der Nicht-Arbeitenden wie Kinder und Kranke im Übrigen. Beide Seiten brauchen einander.

Diese drei Dimensionen eröffnen im Coaching nach dem Gerne-Prinzip einen ganzheitlichen Blick auf die Arbeitswelt: wie wir uns als Individuen in ihr verorten und zurechtfinden, wie wir Arbeit gemeinsam organisieren – und wie wir die Welt durch unsere Arbeit, unser Zutun, gestalten wollen.

Arbeit ist politisch.

Die fünf Leitgedanken des Gerne-Prinzips

Um das Gerne-Prinzip praktisch umsetzen zu können, halte ich mich an folgende Leitgedanken. Sie sind ein stabiles rahmengebendes Gerüst, das klar genug ist, um Orientierung zu geben. Dabei bleibt es gleichzeitig durchlässig und gestaltbar genug, um Bewegungsfreiheit zu lassen. Es hilft dabei, das Prinzip auf eigene individuelle Fragen zu beziehen und sich für das eigene Leben zu eigen zu machen.

1. Es ist schon alles da

Standortbestimmung und positives Menschenbild statt Selbstoptimierung

2. Mit Spaß an der Freude

Gerne ist wichtiger als gut

3. Das Ziel darf nicht im Weg sein

Ergebnisoffenheit statt Zielorientierung

4. Interessiert statt interessant

Persönliche Begegnungen und Resonanz statt Marketing

5. Auf den Kopf stellen

Perspektivwechsel schärfen den Blick auf das Wesentliche

1. Es ist schon alles da

Im Gerne-Prinzip fragen wir als erstes und ohne zu bewerten: Was ist schon da? Hier ist das positive Menschenbild die Grundhaltung, die es meines Erachtens überhaupt erst möglich macht, Menschen in ihrem Arbeitsleben zu begleiten und zu unterstützen – ohne sich über sie zu erheben. „Positives Menschenbild", das klingt hochphilosophisch, aber eben auch banal. Und natürlich denkt man gleich: Das ist ja wohl selbstverständlich! Und wer bitte schön wäre so dämlich, von der eigenen Coachingmethode zu schreiben und zu sagen, sie basiere auf einem negativen Menschenbild? Nun ja. Tatsächlich beobachte ich genau das. Coaching ist per Definition dafür da, Menschen dabei zu unterstützen, eine Herausforderung zu bewältigen, ein Ziel zu erreichen, Kompetenzen zu erweitern, Leistung zu steigern. Und das impliziert immer auch ein: „Da fehlt (dir) doch noch was! Ändere dich, entwickle dich!"

Natürlich richtet sich auch mein Ansatz an Menschen, die etwas verändern, etwas verbessern wollen. Der feine, aber wichtige Unterschied ist die Überzeugung, dass das eigentlich unnötig ist.

Meine Hypothese lautet: So, wie ein Mensch zu uns kommt, ist er schon genau richtig. Einfach so. Niemand muss sich auf eine Entdeckungsreise begeben, um neue Seiten an sich zu entdecken oder sich weitere Kompetenzen anzueignen. Niemand sollte sich optimieren, verbessern, ändern müssen.

Das Einzige, was zu tun wäre – und dafür braucht es das Gerne-Prinzip – ist, den ganzen Krempel wegzuräumen, der die Sicht verbaut auf das, was da ist und auf die Weise, wie etwas da ist. Das Gerne-Prinzip hat so gesehen etwas von einer archäologischen Ausgrabung. Es geht mir darum, dass wir bei jedem Menschen zunächst einfach erstmal nüchtern zusammentragen, was schon da ist, auf das Vorhandene schauen.

Und zwar ohne es zu bewerten.

„Positiv" benutzen wir hier wie in der analogen Fotografie: Da schaut man sich weniger die Negative an, sondern sieht das eigentliche Bild erst auf dem Abzug, dem Positiv. Sieht alle Farben, abgebildete Gegenstände, Schärfen und Unschärfen. Erst dann kann man das Foto bewerten. Bevor wir also überhaupt anfangen können, darüber nachzudenken, ob und welche Kompetenzen und Qualifikationen uns fehlen könnten oder gestärkt werden müssten, werden wir uns im Gerne-Prinzip zunächst ausführlich darüber klar, wieviel wovon schon da ist. Wie sollte das überhaupt anders gehen? Das wäre so, als wolle man etwas Leckeres kochen, ohne zu wissen, was sich im Kühlschrank und in der Vorratskammer befindet. Dann erst lässt sich die Frage beantworten, ob und was man davon gebrauchen kann oder möchte für das geplante Gericht, oder ob man noch etwas besorgen muss. Und im Zweifelsfall kommt man bei einem Blick in die Vorräte sogar auf eine ganz neue Idee.

Um einen beruflichen Weg einzuschlagen, sollte man aber nicht nur wissen, was man bereits im Gepäck oder am Leib hat (an Fähigkeiten und Wünschen), sondern man sollte sich den Ausgangspunkt anschauen. Läuft man einfach los, ohne den Ausgangspunkt und sein Umfeld zu kennen – wie soll man da einschätzen können, ob der Weg passt oder ob man Lust auf ihn hat? Wie sollte man erkennen, ob man auf dem Weg hinter eine neue Kurve schauen oder anhalten möchte, weil es einem dort gefällt? Oder ob und was man sich noch an Ausstattung zulegen möchte, um etwas Bestimmtes erleben zu können?

Wir atmen also erstmal durch und schauen gründlich und in Ruhe, was vorhanden ist und wo man steht. Um so einfacher werden die Wege zu gehen sein.

Auf das Vorhandene zu schauen meint nicht, sich nicht mehr weiterzubilden oder zu lernen. Natürlich macht es Freude und ist auch wichtig, sich in Fähigkeiten zu verbessern oder Kenntnisse zu vertiefen. Ich würde sogar sagen: Es ist fast unmöglich, sich nicht weiterzuentwickeln! Aber wir sollten es nicht *müssen,* um ein vollwertiges Mitglied der Gesellschaft zu sein. Wir sollten uns nicht optimieren müssen, um teilhaben, um mitgestalten, um selbstbestimmt leben zu können. Natürlich kann eine Standortbestimmung auch zeigen, dass man sich noch etwas zulegen, sich besser mit Fähigkeiten, Erfahrung oder ähnlichem ausrüsten möchte, bevor man einen nächsten Schritt geht. Vielleicht stellt man auch fest, dass man noch zu wackelig ist und es erstmal darum gehen darf, wieder stabil auf zwei Beinen zu stehen.

Das Gerne-Prinzip setzt mit dem Gedanken eines radikal bewertungsfreien Menschenbildes bewusst einen starken Gegenpol zum Selbstoptimierungswahn, wenn es meint: So, wie wir alle sind, sind wir schon genau richtig, wertvoll und vollständig genug, müssen nichts optimieren. Nicht für die Arbeitswelt.

In meinen Weiterbildungen und Coachings erlebe ich, wie selbst sehr reflektierte Menschen baff sind, wenn sie sich bewusst darüber werden, welche Fülle an Fähigkeiten sie bereits mitbringen! Diese Erstauntheit erstaunt wiederum mich immer wieder von neuem.

Je älter wir sind, um so mehr haben wir offenbar verlernt, unsere eigenen Kompetenzen zu sehen, einzuschätzen: Es gibt Menschen, die sind extrem von sich überzeugt, egal was sie machen (wobei in so manchem Hochstapler ein besonders kleines Selbstbewusstsein steckt). Andere wiederum entwickeln ein so genanntes Impostor-Syndrom und fürchten – meist völlig grundlos – als inkompetent aufzufliegen. Und dazwischen befinden sich die meisten von uns, mit einer erlernten Kompetenzamnesie: Ich treffe buchstäblich jeden Tag Menschen mit fantastischen Fähigkeiten, die nicht weiterwissen und insbesondere beim Lesen von Stellenanzeigen denken, sie „könnten nichts“. Dabei lebe ich schon in einer Realität, in der ich auf überdurchschnittlich viele Menschen stoße, die einen Schulabschluss, eine Ausbildung, ein Studium haben – aber auch das schützt nicht gegen die Unfähigkeit, sich selbst einzuschätzen. Egal, ob sie viel erlebt und erfahren, geleistet und gesehen haben – viele denken, das alles sei nichts wert. Sie seien nichts wert. Und setzen sich unter Druck oder verkriechen sich.

Dieser ständige Blick auf das, was noch nicht genug ist, was noch fehlt, führt zu jenem Selbstoptimierungswahnsinn, der verrückt oder krank machen kann. Hinzu kommt: Man muss nicht nur einen guten Job machen. Man muss auch noch fit bleiben und gut aussehen, privat ein toller Sohn oder eine super Mama sein, Familie und Geldverdienen unter einen Hut bekommen. Zunehmend gelten wir – so erlebe ich es zumindest – auch noch selbst dafür verantwortlich, wenn wir krank sind. Das wird dann zum Zeichen mangelnder Selbstfürsorge. Schließlich sollte man nicht zuletzt für die Arbeitsfähigkeit ausreichend Sport treiben, sich gesund ernähren, Morgenroutinen einhalten und Achtsamkeitstechniken in den Alltag einbauen. Und darüber in den so genannten Sozialen Medien berichten. Wo inzwischen die nächste Runde des Wahnsinns-Karussells gedreht wird, seit es zum guten Ton gehört, vermeintlich selbstkritisch auch darüber zu schreiben, womit man scheitert … Stop!

Schlimm genug, dass Menschen darüber krank werden. Ich finde jedoch, wir können es uns auch als Gesellschaft schlicht nicht leisten, so mit uns und unserem Potenzial umzugehen. Warum setzen wir uns gegenseitig und vollkommen unnötig unter Druck und schauen so hart immer auf das, was noch fehlt? Es gibt so viele Menschen, die so viele Fähigkeiten mitbringen und die Lust haben, damit etwas zu machen, beizutragen. Und was machen wir? Wir stehen uns selbst im Weg mit unserer Fehleinschätzung. Wir trauen uns zu viel oder zu wenig zu, sind verunsichert und warten darauf, dass uns jemand sagt: „Ja, fein hast du das gemacht!" oder fürchten, dass wir abgelehnt werden.

Was hier hilft, ist eine tiefe, aufrichtige Beschäftigung mit unserer eigenen Biographie und deren realistische, wertfreie Betrachtung: bewertungsbewusstes biographisches Arbeiten. Um vom Negativ einen positiven Abzug zu entwickeln, um im Bild der Fotografie zu bleiben.

Wichtig ist, sich Zeit für ausführliche aufrichtige Biographiearbeit zu nehmen. Es gibt verschiedenste Zugänge – deskriptive, kreative, meditative – die man teils für sich allein und teils im Austausch mit anderen bearbeiten kann. Dabei leuchtet man in alle Ecken der eigenen Vergangenheit. Es sei jedem Menschen selbst überlassen, wie tief er oder sie hier einsteigt, aber wir bewegen uns hier ausdrücklich im Kontext von Jobsuche, nicht von Therapie.

Alles wird gewürdigt, was jemanden bis zu dem heutigen Tag geführt hat, nichts davon wird auf den Müll geworfen: Das alles hat es gebraucht, um der Mensch zu werden, der man heute ist. Nothing to regret. Und das meiste davon, so stellen dann viele erstaunt fest, hat man sogar selbst entschieden und bewirkt. Es fühlt sich für viele so an, als hätten sie ihr Leben nach anderen gerichtet. Doch meist haben wir alle mehr Gestaltungsspielraum, als wir uns gewahr sind. Mich leitet die These: Wir alle sind grundsätzlich verantwortlich für unser Leben, wir sollten die Regisseur*innen unseres Lebens (wie die inspirierende Erfinderin des „Veto-Prinzips" Maike Plath es nennt) sein dürfen und können. Niemand anderes. Und viele von uns können sich auch tatsächlich glücklich schätzen und sollten nicht vergessen, was für ein Privileg es ist, dass wir hier und heute (und hoffentlich noch lange und möglichst alle Menschen überall) Freiheiten und Möglichkeiten genießen, von denen andere in unserer Gesellschaft oder Menschen zu anderen Zeiten und an anderen Orten nur träumen konnten und können. Nicht als normativen Appell „Sei doch glücklich, mit dem, was du hast", sondern als Ressource für Zuversicht und Kraft. So finden wir im Gerne-Prinzip gleich zu Beginn in einen fundierten Selbstwirksamkeitsmodus. Der sehr kraftvoll, aber natürlich auch fordernd sein kann, je nach Lebenssituation.

Nicht zuletzt gehört für mich zum Leitgedanken „Positives Menschenbild" auch die Überzeugung dessen, was der Historiker Rutger Bregman in seinem Werk *Im*

Grunde gut beschreibt, nämlich dass, sehr verkürzt gesagt, Menschen von Natur aus freundlich und fürsorglich sind, und dass das den Menschen ausmacht. Ohne Kriege, Gewalt, Katastrophen, Missbrauch und vieles mehr verharmlosen zu wollen, erforschte er dafür unter anderem, wie der Fokus auf das Negative – zum Beispiel im Nachrichtenjournalismus auf Katastrophen und Skandale – unsere Wahrnehmung verzerrt. Was wiederum zu einem an dieses verzerrte Bild angepassten Verhalten führt und so weiter. Bregman leitet aufwändig und empirisch her, dass Menschen im Allgemeinen und ohne diese Einflüsse, eben „im Grunde gut" seien. Im Sinne von einander wohlgesonnen. Interessanterweise benutzen wir den Begriff „menschlich" in der Regel auch, um etwas Positives, und „unmenschlich", um etwas Negatives zu beschreiben. Ich bin sicher, wir können gegenseitig das in uns verstärken, das zu mehr Wohlergehen für alle beiträgt.

2. Mit Spaß an der Freude

Als nächstes lösen wir uns nun davon, das Vorhandene zu bewerten wie bisher – und ich schlage dafür das Kriterium „gerne“ vor. Hat man also erstmal radikal das umfangreiche Vorhandene ausgegraben, so unvoreingenommen wie möglich die vielen Fähigkeiten herausgearbeitet, die man mitbringt, gilt es nun, sich in dieser ungewohnten Realität zurechtzufinden und aus dieser durchaus manchmal überwältigenden Fülle herauszusortieren: Was davon soll im weiteren Berufsleben eine Rolle spielen? Was möchte jemand weiter mitnehmen? Und vor allem: Was nicht mehr? Dazu braucht es Orientierung. Wir brauchen neue Bewertungskriterien, neue Kategorien, damit wir nicht wieder in die gleiche Falle tappen und irgendwann wieder nur auf das Fehlende fokussieren.

Mit dem Gerne-Prinzip haben wir uns nicht weniger vorgenommen, als eine radikal neue Bewertungskultur zu etablieren: Gerne statt gut! Und deswegen setzen wir bei dem Blick auf die eigenen Fähigkeiten ganz bewusst und radikal eine „Gelingensbrille“ auf. Und ob etwas gelungen ist oder nicht, darüber befindet nur man selbst.

Die Bewertung einer Kompetenz als „gut“ oder „schlecht“ ist willkürlich, wie ich im Folgenden ausführe. Die eigene Bewertung einer Kompetenz als „gerne“ oder „ungerne“ dagegen ist sehr viel belastbarer, klarer, sinnvoller.

Ich denke, dass das gar nicht so schwer ist, und dass man sich dafür nur etwas genauer anzuschauen braucht, wie unsere so selbstverständlich genommene herkömmliche Bewertungskultur eigentlich aussieht, wie sie Realität geworden ist und wozu sie führt. Dann haben wir gute Chancen, neue Realitäten zu schaffen: Für mein Verständnis bleibt dann das „Gerne" als einzig sinnvolle Kategorie der Bewertung von Fähigkeiten übrig. In „gut" und „schlecht", in „sinnvoll" und „sinnlos", in „nützlich" und „nicht verwertbar" zu denken, macht alles viel komplizierter als es ist und wird dabei der Komplexität nicht gerecht. Solche Bewertungen sagen meiner Meinung nach so gut wie nichts aus, führen zu Stress oder Stillstand.

Man mag jetzt einwenden, dass man aber schon wissen möchte, ob jemand die Aufgabe gut erledigen kann, für die er da ist, oder? Ja klar! Aber: Was genau heißt denn „etwas gut machen"? Wer bestimmt darüber? Und wie findet man das überhaupt raus?

Der Reihe nach: In unserer leistungsorientierten Welt richten wir den Fokus nicht nur absurderweise auf das Fehlende (siehe oben), sondern suchen im Vorhandenen explizit und geradezu exzessiv das „Falsche". Wir sind darauf getrimmt, Fehler zu suchen und zu finden, ob in Schulheften, bei Produkten, an unseren Körpern, in unseren Lebensläufen, Beziehungen, Situationen. Wir wollen verbessern, vertuschen oder verlangen nach „dem Chef", wenn wir uns über einen Fehler beschweren möchten. Wir verabreden uns zu Mitarbeitergesprächen, wenn es Probleme gibt, werden zur Schulleitung zitiert, wenn etwas schiefgelaufen ist, melden „Redebedarf" an, wenn es etwas Heikles zu besprechen gilt.

Wir üben das von klein auf ein und unser Bildungssystem nährt diesen Defizitfokus: Das Kind schreibt gerne Geschichten, aber im Rechnen hapert es? Zack – muss man halt mal zu Hause ein bisschen mehr Mathe machen, und wenn die Eltern es sich leisten können, Nachhilfe-Stunden nehmen. Schließlich muss man in jedem Schulfach möglichst gut sein. Oder? Mal ehrlich, da kommt doch wirklich niemand als allererstes auf die Idee, das Kind einfach mal schreiben zu lassen und sich gut und selbstwirksam damit fühlen und Mathe halt mal Mathe sein zu lassen oder zu schauen, wie der Matheunterricht vielleicht interessanter werden könnte. Natürlich kann Nachhilfe sinnvoll sein, nicht zuletzt, weil sich eine Lehrkraft in einer kleineren Gruppe besser jedem Kind widmen kann. Insgesamt besteht aber große Gefahr, dass die Botschaft haften bleibt: „Du bist nicht gut genug, du bist nicht richtig. Die anderen sind besser." Und die gesunde Selbsteinschätzung, das Selbstwertgefühl rutscht bei vielen in den Keller. Geschichten schreiben können ist scheinbar nicht wertvoll und gut genug, so die Botschaft.

Ich möchte dazu ein Aha-Erlebnis mit euch teilen: „Ich schicke euch im Anhang das Diktat vom Montag, damit ihr nachsehen könnt, was ihr alles richtig geschrieben habt", schrieb eine Lehrerin ihren Schüler*innen während der Corona-Pandemie per E-Mail. Keine Korrektur, kein Rotstift. Im Anhang einfach der Originaltext zum Selbst-Lesen und Selbst-Vergleichen. Nicht, um Fehler zu suchen, sondern um wiederzuerkennen, was man richtig gemacht hat. Nämlich fast alles. Wie bestärkend und Lust machend! So geschehen an der Demokratischen Schule, die meine Kinder besuchten (ein großes Privileg, ich weiß). Mich hat die unspektakuläre Selbstverständlichkeit in diesem Satz, das Grundvertrauen in die Kinder regelrecht umgehauen. Hand aufs Herz: Erwarten wir nicht alle nach einem Diktat eine Korrektur mit Rotstift? Verbunden mit der Aufforderung, alle falschen Worte zehnmal richtig zu schreiben? Es ist uns in Fleisch und Blut übergegangen, auf Fehler zu fokussieren. Die ganze Schulzeit durch. In allen Ausbildungen, ja auch bei der Arbeit. Was hingegen gut läuft, ist nicht der Rede wert. Nicht gemeckert ist gelobt genug. Ein fehlerfreies Diktat wird nur kurz überflogen, man freut sich über die gute Note. Und weiter geht's.

Warum nicht öfter mal „den Chef" verlangen, wenn uns jemand nett und zuvorkommend bedient? Oder Schüler*innen zur Schulleitung zitieren, um ihnen zu sagen, was für großartige Menschen sie sind? Warum bedanken wir uns nicht öfter bei den Erzieherinnen in der Kita, wenn sie schon wieder einen guten Tag mit unseren Kindern verbracht haben und wir uns freuen, dass wir sie ihnen anvertrauen können? Oder melden bei unseren Mitarbeitenden Redebedarf an, wenn sie einfach ihre Arbeit erledigen?

Wer außer mir ertappt sich noch bei der unwillkürlichen Frage: Naja, da würde man ja den ganzen Tag nichts anderes mehr machen, als ständig gegenseitig „Redebedarf“ anzumelden, sich mit allen möglichen Menschen zu treffen, um sich gegenseitig Selbstverständlichkeiten zu sagen. Nach dem Motto: „Ich muss jetzt echt mal was loswerden: Es läuft gerade schon wieder richtig viel rund, alles im grünen Bereich. Kaum ein Problem weit und breit!“ Die Antwort darauf ist so einfach wie ermutigend – und gleichzeitig fühlt sie sich irgendwie überraschend an: Weil es eben Selbstverständlichkeiten sind. In Wahrheit läuft so sehr viel mehr gut als schief. Oder auch: Weil in der Realität mehr gut funktioniert, als wir denken!

Ich halte fest: Ein systematisch unverhältnismäßig starker Fokus auf Schwächen, auf Defizite, Fehler und Probleme, ist ein unrealistischer Blick auf die Arbeitswelt (wenn nicht sogar auf das Leben, aber ich versuche, in meinem Spielfeld zu bleiben). Es entsteht ein *verzerrtes* Bild. Und dieses verzerrte, unrealistische Bild wurde zur Grundlage unserer herkömmlichen Bewertungskultur.

Das ist ressourcenraubend, kraftraubend, entmutigend. Erst wenn wir es schaffen, den Fokus systematisch auf das Gelingende zu legen – und ja, vielleicht muss man hier erstmal ein bisschen übertreiben, um das Ungleichgewicht auszupendeln – nähern wir uns einem realistischen Blick auf unsere Fähigkeiten, Potenziale, aber auch Probleme. Das ist dringend notwendig, weil es ja tatsächlich reale Probleme gibt, die wir zu lösen haben, und für die wir sowohl Fähigkeiten als auch Kraft oder, anders gesagt, handfeste, realistische Lösungen brauchen.

Nun kann man zu Recht einwenden, dass diese Erkenntnisse ja nicht sonderlich neu seien und auf die sogenannte *Stärkenorientierung* hinweisen, die, wenn auch nur teilweise und auch nur zögerlich, ihren Weg in den Bildungs- und auch Arbeitskontext gefunden hat. Natürlich, das ist schon mal sehr erfreulich! Der Blick auf die Stärken statt auf die Schwächen und Defizite ist oder wäre tatsächlich schon mal großartig. Allein, ein wirklicher Wandel der Bewertungskultur findet auch dadurch mitnichten statt: Sich an Stärken und Erfolgen zu orientieren, heißt immer, sich auch an Schwächen und Misserfolgen zu orientieren.

Natürlich leben sehr viele engagierte Coaches, Lehrkräfte, Erzieher*innen und auch Eltern und Führungskräfte etc. diesen Ansatz bereits bewusst und auch intuitiv viel differenzierter und orientieren sich an Lernlust und Werten etc. In der radikalen und, wie ich meine, realistischeren Welt des Gerne-Prinzips gibt es aber schlicht gar keine Stärken und Schwächen mehr, insbesondere in Bezug auf Kompetenzen. Es gibt nur Fähigkeiten. Ein und dieselbe Fähigkeit ist jemandem in der einen Situation nützlich, und in der nächsten kann ihm oder ihr die gleiche Fähigkeit im Weg stehen. Nichts ist immer und in jedem Kontext „gut“: Da kann Großzügigkeit zur Verschwendung werden, Gründlichkeit als Langsamkeit empfunden, witzig sein in peinlich kippen. Als einziges Bewertungskriterium verbleibt aus meiner Sicht, ob jemand gerne diese Fähigkeiten hat oder nicht und sich die Kontexte selbstbestimmt aussuchen kann.

Für mein Verständnis birgt die Stärkenorientierung zudem die Gefahr, normativ zu wirken: Du bist gut in Biologie? Dann studiere Biologie! Du kannst gut nähen? Dann werde Schneiderin! Im Nu findet man sich auf einem Weg wieder, der einem vielleicht gar nicht gefällt. Nur weil man stark in etwas ist, bedeutet das nicht, dass man das auch mag und dass man damit etwas tun *muss*!

Und andersrum auch: Nur, weil man nicht herausragend gut in etwas ist, bedeutet das noch lange nicht, dass man das nicht (beruflich) weiterverfolgen dürfte. Wichtiger ist immer die Frage: Möchte ich das gerne machen? „Gut“ genug bin ich im Zweifelsfall ohnehin schon oder eigne es mir intrinsisch hochmotiviert besser an.

Was so leichtfüßig und soft daherkommt – einfach wissen zu müssen, was man gerne macht und worauf man Lust hat, und schon sei die Sache geritzt – ist tatsächlich das dickste Brett, das wir im Gerne-Prinzip bohren. Wie die

Autorin Barbara Sher es mit dem Buchtitel *Ich könnte alles tun, wenn ich nur wüsste, was ich will* treffend ausdrückte. Unsere systematisch defizitorientierte beziehungsweise Bewertungs-Prägung von klein auf, durch alle Bildungsinstitutionen hindurch, angereichert durch kulturelle, familiäre, gesellschaftliche Erwartungen, sitzt tief. Manche haben sich bestmöglich angepasst an Schulsysteme, an möglichst geradlinige Lebensläufe, ans Funktionieren. Andere konnten das nicht und fühlen sich eher falsch, unpassend, unangepasst. Viele haben nicht nur den Blick auf die Vielfalt der vorhandenen eigenen Fähigkeiten verlernt, wir verlernen, uns überhaupt zu fragen und für uns darauf zu achten: „Mach ich das hier eigentlich gerne?"

Zu uns kommen Leute, die sagen: „Ich mach meinen Job jetzt schon seit zig Jahren – ich weiß gar nicht, wie es dazu kommen konnte, ich mag den gar nicht machen!" Denn selbst wer ein starkes „Ungerne" fühlt, kommt zu selten auf den Gedanken, dass es ein „Gerne" geben könnte, das erlaubt und erreichbar ist und auch im Arbeitsleben gut genug funktionieren könnte. Der Fokus auf Bewertung und auf gesellschaftliche Erwartungen verbaut den Blick auf das, was alles möglich wäre. Wer ein „gutes Abitur" macht, kommt zu selten auf die Idee, eine Ausbildung zu machen. Wer kein (oder kein gutes) Abitur macht, kommt zu selten auf die Idee, studieren zu wollen. Beides wäre möglich, beides durchaus eine Option – das wertende Vorurteil „Studium ist generell besser als Ausbildung" verhindert den Blick auf die vielfältigen Möglichkeiten in der komplexen Arbeitswelt und manifestiert obendrein ungerechte Bezahlung und soziale Unbeweglichkeit.

Und damit zu einer weiteren Krux der herkömmlichen Bewertungskultur, die uns vom „Gerne" entfernt: Margret Rasfeld, ehemalige Schulleiterin aus Berlin und Mitgründerin der Initiative „Schule im Aufbruch", trifft dazu den Nagel auf den Kopf, wenn sie sagt: „Prüfungen prüfen nur Prüfungen." Denn Prüfungen und entsprechend Zensuren sagen nur etwas über die Prüfung selbst aus. Weniger über die Fähigkeiten, die man damit prüfen will. Der Begriff „Prüfungen" ist hier beliebig austauschbar, es könnte auch „Bewerbungsgespräche" oder „Präsentationen", „Pitches" heißen. Alles Momentaufnahmen, die maximal Auskunft darüber geben, ob jemand zu einem bestimmten Zeitpunkt und unter besonderen und meist stressigen Bedingungen eine Leistung erbringen, sie zeigen oder Wissen abrufen kann. Man darf keinesfalls ohne Weiteres glauben, dass man tatsächlich sehr gut in etwas sei, nur weil man eine Prüfung gut bestanden hat – und umgekehrt!

Bewertungskriterien von Prüfungen sind menschengemacht, sie sind Konstrukte. Die leider oft darauf angelegt sind, herauszufinden, was jemand *nicht* kann. Oft sind sie auch willkürlich und undurchdacht. Ich erinnere mich zum Beispiel an den Englisch-Vokabeltest an einer ehemaligen (nicht demokratischen) Schule meiner Kinder, in dem fast die ganze Klasse schlecht abschnitt. Mit einem Blick auf den mit Rot korrigierten Test meines Kindes stellte ich wenig überrascht fest, dass es alle Vokabeln richtig übersetzt hatte. Es ging um die ausgeschriebenen Zahlwörter. Weil es aber vor allem in den deutschen Wörtern wie „Achtzehn" oder „Dreiundvierzig" zu viele Rechtschreibfehler hatte, reichte es nur für eine Vier. „Also, die englischen und deutschen Zahlen kannst du ja, kein Ding." Für mich war das Thema damit durch. Andere Eltern, die nicht so lässig sein können wie ich privilegierte, muttersprachliche, bildungssystemgewandte Mutter, gerieten hingegen in große Sorge, dass ihr Kind nicht gut genug in Englisch sei oder keine Gymnasialempfehlung bekommen könnte etc. Aus dem unerquicklichen Gespräch, das ich als Elternvertreterin mit dem jungen Englischlehrer dazu führen musste, erinnere ich vor allem: „Ja, es geht bei einem Test immer hauptsächlich darum, alles richtig zu machen." Mit meiner Auffassung, dass es doch darum ginge, dass die Kinder die englischen Zahlen können sollen, und ein Test dazu Rückmeldung geben sollte, kam ich nicht durch. Mein damals noch recht junges Kind setzte dem zu Hause dann trocken noch hinzu: „Ist doch voll egal. Ich habe eh nicht verstanden, warum wir das machen. Dazu gibt es doch schließlich Zahlen, warum sollte ich die als Wörter ausschreiben?" Wie auch immer. Wie gut oder schlecht jemand mit einer schlechten Englischnote nun in Wirklichkeit Englisch kann, findet man in so einer Kultur von Tests und Zensuren jedenfalls nur sehr rudimentär heraus.

Abschlüsse und Zensuren sagen auch später in der Arbeitswelt sehr wenig darüber aus, ob jemand einen guten Job machen wird. Das lässt sich besonders schön an dem Lehrkräfteberuf darstellen, weil das eine Arbeitswelt ist, die viele kennen. „Einen guten Job machen" heißt in diesem Gedankenspiel einfach, dass Schüler*innen bei der Lehrkraft in einem freundlichen Arbeitsklima etwas lernen. Ganz grobe und klassische Anforderung an eine Lehrkraft. Was kann man da beobachten? Wir sehen Leute, die mit exzellentem Abschluss auf Lehramt studiert haben und einen guten Job machen. Genauso gibt es Leute, die auch mit Bestnote auf Lehramt studiert haben, die aber einen fürchterlichen Job machen. Drittens gibt es immer mehr Leute, die den Quereinstieg in diesen Beruf gewagt und erstmal nicht auf Lehramt studiert haben und vielleicht auch gar nicht besonders gute Noten in ihrem Studium hatten. Und siehe da: Es gibt auch hier Leute, die an Schulen total fehl am Platze sind und keinen guten Job machen und andere, die begnadete Lehrkräfte sind.

Prüfungen und Noten sind für mich vor allem eines: ein Ausdruck von Hilflosigkeit. Dass wir Zensuren und Noten als formale Fähigkeiten zur knallharten Voraussetzung für alles Mögliche machen in der Bildungs- und Arbeitswelt, halte ich für ungerechten Unfug. Aber wie sonst kann man denn verdammt nochmal herausfinden, ob jemand gut in etwas ist?

Es zeichnet sich so langsam ab: Leute, die Lust auf ihren Job haben, die ihn gerne machen, und denen es dabei gut geht, sind oft die „Besten". Wie heißt es so schön im Impro-Theater? Wenn du etwas gerne machst, dann bist du in großer Gefahr, gut darin zu sein oder zu werden. In den Neurowissenschaften weiß man längst: Menschen können mit Gelassenheit, Spaß und Freude am meisten lernen, am effektivsten arbeiten und ihr Wissen abrufen. Wenn es im Gerne-Prinzip heißt „Wir brauchen nicht die Besten", dann meinen wir damit, dass wir nicht die mit den besten Noten und der am besten bewerteten Performance im Job brauchen. Wir brauchen die, die Lust darauf haben, zum Beispiel Lehrer oder Kamerafrau oder was auch immer zu sein. Das sind die „Besten", die „Gerne-Besten". Und davon gibt es so viel mehr als die „Gute Noten-Besten", die künstlich knapp gehalten werden.

Mit dem Gerne-Prinzip umgehen wir auch das Problem, dass Bewertungen immer nur relativ sein können und gleichzeitig angeblich der Vergleichbarkeit von Leistung dienen sollen. „Im Vergleich zu anderen Ländern, können unsere Fünftklässler schlechter oder besser lesen oder rechnen." –„Im Vergleich zu jener Kollegin bist du ganz schön langsam" usw. Will sagen: Bewertung ist oft abhängig davon, wie gut oder schlecht die anderen sind.

Hat man Pech, sind die anderen so richtig gut. Dann erscheint deine Leistung schlechter. Hatten aber die anderen einen schlechten Tag oder konnten irgendwas nicht so gut, dann erscheint deine gleiche Leistung als richtig gut. Das ist wie das Experiment mit einer leicht warmen Herdplatte: Legt man die Hand erst auf eine noch wärmere Platte, schätzt man die Temperatur der Platte als kühl ein. Legt man die Hand vorher auf eine sehr kalte Platte, erscheint einem die gleich temperierte Platte plötzlich geradezu heiß.

Unsere klassische Bewertungskultur gaukelt vor und erhebt den Anspruch, Fähigkeiten klar sortieren zu können, um sie einzuordnen, zuzuordnen, vergleichbar zu machen. Sie erweckt den Anschein von Objektivität und Klarheit zum Beispiel durch Zahlen – und ist doch eindeutig subjektiv, situationsabhängig, unrealistisch und spiegelt die Qualität von Fähigkeiten nicht adäquat wider.

Solange wir diese Bewertungskultur nicht radikal hinterfragen und in eine Gerne-Kultur überführen, bleibt sie der Nährboden für die Leistungslüge.

Die kennen wir alle, ob laut ausgesprochen oder permanent leise mitschwingend: „Du musst nur gut genug sein, dann schaffst du es nach oben! Du willst einen guten Job? Streng dich an! Du willst Karriere machen? Sei gut in deinem Job! Es liegt alles in deiner Hand – jede*r kann es schaffen!“

Bewertungen sind nämlich nicht nur unzulänglich und subjektiv. Sie sind meines Erachtens in Wirklichkeit nur *vermeintlich* die Grundlage für berufliches „Fortkommen". Denn letztlich entscheiden mitnichten gute Noten und Bewertungen, sondern im weiteren und auch im engeren Sinne die sozialen Herkünfte und Privilegien über Schulabschlüsse, Studienplätze, Ausbildungschancen, Jobmöglichkeiten, Karriere. Das ist weder fair, noch führt es dazu, dass die Arbeit gut erledigt wird. In der Arbeitswelt kommen nicht nur nicht die „Gerne-Besten" zum Zuge, sondern oft noch nicht einmal die „Gut-Besten".

Ich denke so oft, dass einige Kinder – auch meine eigenen – auch ohne Schulabschluss in die Welt gehen könnten, sie hätten dennoch hohe Chancen auf gutbezahlte Jobs und ein gutes Leben. Einfach, weil ihre Eltern privilegiert sind, die gesellschaftlichen Codes kennen, einigermaßen wohlhabend, gebildet, und gesellschaftlich anerkannt, eingebunden, vernetzt sind, mit Beziehungen.

Und das geht in der Arbeitswelt munter weiter: Wenn die Leistungslüge keine Lüge, sondern wahr wäre, dann gäbe es unter den Geringverdienenden und Arbeitslosen, unter den Prekären und Armen keine klugen und Verantwortung tragenden Menschen. Und alle mit gutem Ausbildungs- oder Studienabschluss und alle hart Arbeitenden hätten umgekehrt eine gut bezahlte Arbeit und ein Leben in Wohlstand. Alle richtig Gutsituierten und Gutverdienenden wären die Allerklügsten, die Besten, Exzellenten, weil ihre Karriere und ihr Wohlstand auf außergewöhnlich gute Leistung, allerhöchste Verantwortung zurückzuführen wäre.

Ihr merkt es selbst, nicht wahr?

Auch hier wieder: Das Credo „Wohlstand und Erfolg durch Leistung" ist unrealistische Traumtänzerei. Wie die Soziologin und Philosophin Lisa Herzog (*Die Rettung der Arbeit*) festgestellt hat, denken Menschen, die viel Geld verdienen, tendenziell tatsächlich, sie hätten das auch verdient. Und andersrum glauben Menschen, die wenig Geld verdienen, häufig, sie hätten es tatsächlich nicht verdient, mehr zu verdienen. Aber abgesehen von dieser grandiosen Fehleinschätzung wissen wir: In der Arbeitswelt wird der Sohn eines Abteilungsleiters im Konzern eher ein Praktikum und später einen Job in der Marketingabteilung bekommen als andere mit gleichen Noten, die keine solchen Beziehungen haben oder es sich nicht leisten können zu studieren

Zu einem regelrechten Witz gar verkommt die Bewertungskultur mitunter in größeren Organisationen. Aus Behörden, Konzernen oder auch großen NGOs höre ich immer wieder Geschichten vom „Wegloben": Aus der Idee heraus, dass nur die „Besten" aufsteigen sollten (die aber auf jeden Fall), ist eine Pflicht zur „Personalentwicklung" entstanden. Wer im jährlichen Mitarbeitergespräch die Note „sehr gut" bekommt, muss „weiterentwickelt" werden.

Sprich: Hat das Recht darauf, in eine höhere Position gehievt zu werden. Er kommt in eine höhere Position, in eine andere Abteilung, bekommt eine Weiterbildung etc. Was macht man also als Vorgesetzte, die ihre besten Leute im Team behalten möchte? Genau, ob nun offen und einvernehmlich oder einfach aus offensichtlichen Gründen oder gar unbewusst: Sie wird versuchen, diese Leute nicht mit „sehr gut", sondern nur mit „gut" zu bewerten, um sie zu behalten. Ich kenne sogar Leute, die darum gebeten haben, nicht besser bewertet zu werden, weil sie ihren Job einfach gern weiter machen wollen und keine Lust darauf haben, Teamleitung oder Projektleitung oder dergleichen zu übernehmen.

Und was wird eine Vorgesetzte wohl machen, die jemanden aus dem Team loswerden will? Genau. Ein „sehr gut", und es fällt jemand „nach oben".

Selbst wenn solche Praktiken hoffentlich nicht die Regel sind, verleitet die Bewertungskultur systematisch dazu, den eigentlichen Sinn der Sache zu konterkarieren: Im Zweifelsfall werden sowohl wichtige Aufgaben nicht mehr optimal erledigt als auch die Mitarbeitenden gestresst, weil sie immer wieder bewertet und gegebenenfalls vor neue Herausforderungen gestellt werden, sobald sie sich in der aktuellen bewiesen haben. Nicht zuletzt, um alle drei Dimensionen des Gerne-Prinzips nochmal in Erinnerung zu rufen: Auch die Organisation bleibt hier weit unter ihren Möglichkeiten.

In einer Arbeitswelt, in der Akademiker*innen sowieso per Definition als die Besseren gelten, die die vermeintlich wichtigere, schwierigere, anspruchsvollere Arbeit machen, und in der zudem der Zugang zum akademischen Weg immer noch stark an Privilegien geknüpft ist, in der Ausbildungsberufe weniger geachtet werden, nehmen wir hin, dass Menschen in Armut oder Burnout oder Krisen geraten. Und wir rasseln obendrein mit Vollkaracho sehenden Auges in eine Fachkräftekrise.

Das Gerne-Prinzip mahnt, unsere sozialen Errungenschaften und unsere Ansprüche an Bildungs- und Chancengerechtigkeit nicht dem alles durchdringenden Reflex des Bewertens und Einsortierens, des Vergleichens und Aussortierens zu opfern. Es steht für eine soziale Beweglichkeit, die ein vermeintliches Gut gegen Schlecht, das hierarchische „Oben“ gegen „Unten“ aufzulösen helfen möchte.

Aber wie findet man nun zu diesen Gerne-Fähigkeiten? Leider reicht es eben meistens nicht, einfach zu fragen: „Was machst du so richtig gerne?“ Die Antwort ist bei den meisten Menschen verschüttet unter all der Defizit- und Bewertungskultur und unter eigenen und fremden Erwartungshaltungen. Im Gerne-Prinzip arbeiten wir daher sehr streng mit dem Begriff des „Gelingens“ und achten darauf, dass diese Begriffe nicht zu von außen bewertetem „Erfolg“ verkommen. Wir schauen in der Biographiearbeit nach den Momenten im Leben, die jemand selbst als gelungen erlebt, nach vielen Situationen, in denen man sich selbst mag. Wir erforschen, was genau an einer Tätigkeit wirklich Spaß gemacht hat. Bei was jemand die Zeit vergisst, etwas ganz leicht und selbstverständlich macht. Das Gerne-Prinzip aktiviert die Selbstwirksamkeitserwartung. Ein wichtiger Faktor dabei ist unser Gruppenprinzip, damit sich Leute gegenseitig ihre Fähigkeiten spiegeln und sie sich selbst im Feedbackgeben als wirksam erleben. Die eigenen Gerne-Fähigkeiten sind einem selbst geradezu angewachsen, meist zu nah und zu selbstverständlich, als dass man sie als wertvoll erkennen könnte. Was man ohne Anstrengung macht, erscheint einem oft banal, zu einfach und somit wertlos. Im Gerne-Prinzip schieben wir Spielrunde für Spielrunde, Geschichte für Geschichte, Gespräch für Gespräch immer wieder die limitierende Frage zur Seite, ob man gut genug in etwas sei, um damit einen Job zu finden. Weil es ja zunächst weder um das „gut" geht noch um den nächsten Job. Und jede*r fragt sich und die anderen stattdessen permanent: „Wie ging es dir währenddessen?" Dank des Gruppensettings wird sowohl der realistische Gelingens-Blick auf die eigene Biographie, als auch auf die Biographie anderer trainiert – und man hat immer ein bestätigendes Korrektiv. Das Gerne-Prinzip macht das Gelingende in einem selbst und um einen herum sichtbar!

Und wir dürfen hier erstmal so richtig übertreiben! Nach einem Leben in einer defizitorientierten Welt von

Leistungslüge, Wettbewerb und Konkurrenz, müssen wir den Blick auf das Gelingende regelrecht einüben. Wir picken in Priorisierungsrunden aus den konkreten gelingenden Situationen, Gesprächen, Entscheidungen, bewusst nur die heraus, in denen sich die Leute selbst mögen, gefallen, an die sie gern zurückdenken. Aus dem großen biographischen Fundus – der ja weit mehr als eine Reihenfolge von Abschlüssen, beruflichen Stationen in Form von so genannten Meilensteinen und Jahreszahlen ist – lassen wir alles an seinem Platz, was nicht mehr mit soll für die nächsten Schritte: Alles, was einem gefällt, was wir als gelingend wahrnehmen, darf weiter mitkommen im Leben. Und das andere darf erstmal da stehen bleiben, wo es gerade steht, vielleicht für später, vielleicht für nie mehr. Wichtig ist dabei, dass wir uns klar machen: Natürlich sind auch diese Priorisierungen nur Momentaufnahmen. Vielleicht wäre einem vor zwei Jahren was ganz anderes eingefallen. Und vor zwanzig Jahren hatte man eh andere Vorstellungen vom Leben. Was damals erwartete (damals: gegenwärtige) Zukunft war, deckt sich meist nicht mit der eingetretenen Gegenwart (aus damaliger Sicht: die zukünftige Gegenwart). Das kann man natürlich sehr viel besser bei dem Sozialtheoretiker Niklas Luhmann nachlesen, für mich ist nur relevant: In unserem Denkmodell des Gerne-Prinzips berücksichtigen wir diesen Gedanken bereits und bauen diese Komplexität des Lebens und die Unvorhersehbarkeit der Zukunft bewusst mit ein. Das Gerne-Prinzip kennt keine Zielorientierung. Ergebnisse betrachten wir grundsätzlich als vorläufig. Und wir nutzen die Vorstellung unendlich vieler Möglichkeiten, die eine so herrlich unvorhersehbare Zukunft bietet. Das heißt: alles, was jemand im Gerne-Prinzip für sich und die eigene Zukunft erarbeitet, ist für den Moment richtig und wahr – und dennoch nicht für immer in Stein gemeißelt. Denn es gibt natürlich nicht nur eine einzige Wahrheit über uns selbst, sondern ganz viele. Das Gerne-Prinzip begleitet die Leute ein Leben lang. Und nicht nur bis zum nächsten Job. Es bereitet sie darauf vor, dass sie irgendwann später möglicherweise etwas ganz anderes „finden“ oder ihre Einstellung oder Perspektive ändern. Ein Coaching nach dem Gerne-Prinzip bedeutet nicht, das Richtige zu finden, sondern die Befähigung dazu, immer wieder und permanent für sich Klarheit darüber zu gewinnen, was man gerne macht. Wenn jemand also für sich feststellt, welche Tätigkeiten er gerne macht oder welche Inhalte er gerade interessant findet, so darf er das sowohl weitgehend unbelastet vom Bisherigen tun, als auch in der Gelassenheit, sich damit nicht für immer festzulegen. Nur weil man zum Beispiel jahrelang als Physiotherapeutin gearbeitet hat, bedeutet das nicht, dass man das ein Leben lang so weitermachen muss, auch wenn man das aus welchen Gründen auch immer gar nicht mehr möchte oder kann. Natürlich darf man darüber nachdenken, Segellehrerin zu werden. Oder Literaturwissenschaften zu studieren.

Oder ein Café aufzumachen. Wieso nicht? Und wenn davon etwas aus anderen Gründen auch nicht möglich, zum Beispiel ein Studium zu teuer ist, dann bietet das Gerne-Prinzip den realen Raum dafür, ausgehend vom Interesse – in diesem Beispiel „Literatur" – einen anderen dazu passenden beruflichen Weg zu finden. Wir leben in einer Zeit, in der zumindest theoretisch sehr vielen von uns sehr vieles möglich ist. Und global gesehen haben sehr viele hier in Deutschland richtig gute Möglichkeiten und im übrigen auch sehr vielfältige hilfreiche Unterstützungsmöglichkeiten. Daran, es auch praktisch möglich zu machen und vor allem unabhängiger von Privilegien zu gestalten, dafür haben wir das Gerne-Prinzip entwickelt. Wenn besserverdienende Manager aussteigen und Yogalehrer werden wollen, dann soll mich das freuen, aber das ist nicht so schwierig. Bei uns kann auch eine Hotelfachfrau ihren Job an den Nagel hängen und beschließen, gerne Oberstudienrätin zu werden.

Es ist nicht einfach, die wirkmächtige Bewertungskultur, der wir uns aussetzen und die wir meist mitspielen, zu überkommen. Und sich darüber klar werden zu müssen, wie man von ihr gesteuert wird.

Um überhaupt in die Nähe dessen zu kommen, was der „New Work"-Begründer Frithjof Bergmann als „wissen, was wir wirklich, wirklich wollen" bezeichnet hat, darf meines Erachtens nur man selbst sich die Erlaubnis geben, etwas tun zu dürfen (Auto-Paternalismus). Anders als Bergmann verstehen wir unter „Gerne" weniger die „Leidenschaft", und wir unterscheiden auch nicht in Erwerbsarbeit, Selbstversorgung und Arbeit, „die man eigentlich will". Die Entscheidung darüber, ob jemand seine Leidenschaft zum Beruf machen oder einfach nur gelassen einem Brotjob nachgehen möchte, bleibt jeder und jedem selbst überlassen. Wer seine Leidenschaft lieber nicht mit schnödem Geldverdienst verbinden möchte, braucht das natürlich nicht zu tun – und sollte dennoch auch seine Erwerbsarbeit *gerne* machen dürfen. Das Gerne-Prinzip steht nicht dafür, dass man für seinen Job „brennen" müsse oder dass sich Arbeit dann konfuzianisch „nie wieder wie Arbeit anfühlen wird". Wer das so möchte – go for it! Nichts spricht dagegen! Aber der Anspruch auf persönliche Leidenschaft sollte nicht normativ sein: „Hab Spaß! Mach dein Ding! Brenne für deine Arbeit! Finde deinen Sinn, dein Warum, dein Purpose!" Darin steckt wieder so ein enormer Druck, noch dazu an völlig falscher Stelle, wie ich finde. Und eine starke emotionale Komponente birgt immer auch eine gewisse Gefahr, sich etwas mehr zu Herzen zu nehmen, als es einem Job gebührt. „Gerne" ist leichter, gelassener, umfassender, grundsätzlicher.

Nun kommen in der Tat viele Leute zu uns mit dem Wunsch nach einem „Job mit Sinn". Dieser neue Trend ist allerdings so neu gar nicht. Jede Generation erfindet ihn auf ihre Weise neu. Ob gegen das Establishment, gegen

Atomkraft, Kriege, Klimakrise oder was auch immer. Ich will diese Beweggründe weder kleinreden noch diskreditieren, ich teile sie sogar eher. Das Problem ist nur: Solche „Jobs mit Sinn" gibt es nicht! Hinter dieser Begrifflichkeit versteckt sich viel Emotion und Hoffnung und leider auch Enttäuschung und Fake. Was stellen sich die Leute denn vor, bei einem Job mit Sinn? Na, was Sinnvolles! Und, ja genau, etwas, das die Welt besser macht. Aha. Gehen wir also davon aus, dass nicht alle Jobs sinnvoll sind und irgendetwas verbessern? Sollte Arbeit nicht immer irgendwie einen Mehrwert bieten, einen Effekt oder Impact haben? Bei genauerer Betrachtung stellt sich dann meistens heraus, dass wir auch hier in einer seltsamen Bewertungskultur stecken und in der Denke von Verwertbarkeit und Nützlichkeit verhaftet bleiben. „Job mit Sinn" wird, so auch unsere Erfahrung im Coaching, zudem meist mit „gemeinnützig", „sozial" oder mit „öffentlichem Dienst" gleichgesetzt. Okay, so weit, so legitim. Nur: Wir wissen alle, dass man auch in gemeinnützigen Organisationen unfassbar sinnfreie Dinge tun kann (Ich sag nur: Bürokratie oder Förderantragswesen etc.). Und über die Gemeinnützigkeit manch gemeinnütziger Stiftung, die eng mit dem einen oder anderen großen Konzern verbunden ist und durchaus politischen und wirtschaftlichen Einfluss hat, kann man vortrefflich streiten. Philantrokapitalismus nennt man das, wenn vermögende Menschen oder Unternehmen über Spenden und Stiftungsgelder Einfluss auf

Gesellschaftspolitik nehmen, anstatt angemessen Steuern zu bezahlen. Ob also gemeinnützig immer mit dem übereinstimmt, was sich Leute unter „Job mit Sinn“ oder „sinnvoll“ vorstellen? Eher nicht. Parallel dazu gibt es viele Unternehmen und Jobs in der sogenannten freien Wirtschaft, in denen man unstrittig sinnvolle Arbeit machen kann. Zum Beispiel Badezimmer einbauen. Oder Bücher verlegen. Oder Fahrräder verkaufen. Haare schneiden. Oder was auch immer. Und auch Schuhe verkaufen oder Architektin sein oder Grafikdesign zu machen, kann durchaus als sinnvolle Arbeit erlebt werden. Will sagen: Im Gerne-Prinzip bestimmt niemand mehr von außen darüber, ob eine Arbeit sinnvoll ist oder nicht.

Der Sinn liegt nämlich keinesfalls in dem Job selbst oder in dem Anliegen des Unternehmens, sondern darin, dass Menschen einem Job Sinn verleihen, und das Gerne-Prinzip befähigt Menschen dazu, herauszufinden, welcher Tätigkeit, welchem Job sie höchstselbst Sinn verleihen möchten. Schlicht, indem sie ihn selbst als sinnvoll bewerten und erleben. Dann verhandeln wir auch anders über zum Beispiel Kunst oder Muße als durchaus sinnvolle Tätigkeiten oder über Arbeit, die im Privaten verrichtet und unbezahlt bleibt. Die Deutungshoheit über den Sinn einer Arbeit verbleibt so im Verständnis des Gerne-Prinzips immer und grundsätzlich bei jedem selbst. Wer darf bitte schön anderen Leuten vorschreiben, was sie für sinnvoll zu erachten hätten? Es ist weder meine noch die Aufgabe anderer Coaches oder Berater*innen, noch überhaupt anderer Leute darüber zu befinden, ob ein Job für jemanden sinnvoll sei oder nicht. Dazu zählt auch, keinen Katalog an „Jobs mit Sinn“ anzubieten – und damit allen anderen Jobs Sinnfreiheit zu testieren. Wer nach dem Gerne-Prinzip arbeitet, wird ein Leben lang immer wieder in der Aushandlung mit sich selbst und mit anderen darüber bleiben, was er oder sie für sinnvoll hält. Hieraus schöpfe ich Zuversicht und denke, dass es keine Alternative zu einem prinzipiellen Vertrauen in das Gute im Menschen gibt.

Um über die Sinnbehaftung von Jobs zu urteilen, bedarf es einer aufrichtigen Wertearbeit, die wiederum einer gründlichen biographischen Arbeit vorab bedarf: Ich gehe hierbei davon aus, dass man Werte nicht in allgemeinen Moralvorstellungen suchen sollte und kann, sondern vor allem im eigenen Handeln und in den eigenen Emotionen. Werte leiten uns alle und werden geprägt durch Lebenserfahrungen und Kultur. Werte sind nicht hohle Begriffe wie Freiheit, Liebe, Frieden, Respekt oder dergleichen, und man kann sie nicht gegeneinander ausspielen oder abwägen. Sie sind unser komplexer innerer und sich permanent weiterentwickelnder Kompass, den zu erforschen sich sehr lohnt. Eine gründliche aufrichtige Wertearbeit ist ein wichtiger Bestandteil des Gerne-Prinzips in Form von Selbstreflexion und Austausch mit und Feedback von und für andere. Wertekataloge, Wertelandkarten etc. helfen hier nicht sonderlich weiter. Denn auch hier: Alle Menschen haben alle Werte in sich. Wir verstehen nur völlig andere Dinge darunter, assoziieren andere Gedanken und Gefühle, messen ihnen unterschiedliche Bedeutung zu. Es würde doch zum Beispiel kaum jemand sagen: „Gerechtigkeit?! Ich finde Gerechtigkeit doof!“ Natürlich finden alle Menschen Gerechtigkeit wichtig und richtig. Und doch gibt es ganz viel Ungerechtigkeit, oder? Weil das Verständnis von Gerechtigkeit des einen ein anderes ist als das einer anderen. Ist es gerecht, wenn alle von einer Sache gleich viel bekommen? Oder jeder genau so viel, wie er oder sie braucht? Oder in Stufen gestaffelt? Oder doch nur die, die es am nötigsten brauchen? Aus der eigenen Biographie heraus, aus der Beschäftigung mit den eigenen Themen, Erfahrungen werden unsere Werte geprägt. Welche Werte für einen so wichtig sind, dass sie nicht verletzt werden dürfen, weil sie in ihrer für diese Person ganz spezifischen Definition eine besondere Bedeutung haben, findet jeder im Coaching für sich ganz persönlich heraus. Noch dazu befähigt das Coaching dazu zu erkennen, wie dieser Wert (oder seine Missachtung) seinen Ausdruck finden kann, welche Konsistenz er hat. Was nützt es sonst, wenn der nach außen zur Schau gestellte Wert „Gerechtigkeit“ zum Beispiel in einer Organisation, die sich für Kinderrechte engagiert, von Ungerechtigkeit im Kollegium überschattet wird? Oder umgekehrt: Dass ein Job „einen Sinn hat“, hat im Gerne-Prinzip nichts mit moralischer

Aufladung und auch nicht mit dem impliziten oder expliziten Werteversprechen einer Unternehmung oder einer Position zu tun. Wir erkunden die real erlebten Werte, die Menschen und auch Organisationen verkörpern.

Sinn bei der Arbeit entsteht in unserem Verständnis also vor allem durch ein „gerne“, definiert als etwas mit Freude, mit Antrieb, mit Lust zu tun und weil man es wichtig findet, dass es getan wird. Weil man sich als selbstwirksam erlebt, die eigenen Werte genährt und nicht verletzt werden. Weil es einen weder langweilt noch überfordert. Weil man etwas bewirkt, das man gut findet. Ganz unaufgeregt. Es darf durchaus herausfordern oder weltbewegend sein, aber es darf genauso auch leicht und angenehm sein. Es geht nicht um fröhlich oder immer gute Laune oder Konfliktfreiheit, sondern um grundsätzliches Wohlergehen.

In unserer Leistungsgesellschaft hat sich eine Kultur durchgesetzt, in der Arbeit nur dann wirklich Arbeit ist, wenn sie weh tut. Paradoxerweise wird auch hoch angesehen, wer gar nicht mehr für sein Geld arbeiten muss, aber das tut einer sprichwörtlich protestantischen oder auch kapitalistischen Arbeitsmoral keinen Abbruch, nach der man nur als fleißig und arbeitsam gilt, wenn man früh aufsteht, hart arbeitet, Überstunden macht, die Arbeit vor das Vergnügen stellt, vor das Privatleben. Dass das ein Missverständnis ist, wissen wir. Denn gibt es etwas Schöneres, als zum Beispiel von einer Physiotherapeutin behandelt zu werden, die das gerne macht und sich für ihre Tätigkeit interessiert? Oder wenn der für mich zuständige Behördenmitarbeiter mir gut gelaunt begegnet und konstruktiv mitdenkt?

Und jetzt bitte nochmal aufgepasst, Stichwort Bewertung: Ob die Arbeit, die jemand verrichtet, immer und sofort und genau messbar gut ist, ist im Gerne-Prinzip zweitrangig. Wir sind alle nur Menschen, wir verändern uns, haben bessere und schlechtere Tage. Auch entwickeln wir uns weiter und verändern uns. Selbst das, was im Coaching erarbeitet wird, sind zwar für den Moment stimmige, vorläufige Ergebnisse. Der Clou ist jedoch, dass man, hat man das einmal gelernt, immer wieder nachjustieren kann, wenn und weil sich das Leben verändert.

Abgesehen davon halte ich den unbedarften und inflationären Gebrauch des Begriffes „Job mit Sinn“ für gefährlich. Weil sich durch die Verwechslung mit „sozial“ und „gemeinnützig“ etc. auch das Narrativ verfestigt, dass sinnvolle Jobs mit schlechter Bezahlung einhergehen. Ist doch logisch.

Moment mal, was bitte ist daran logisch? Nun ja, die Realität zeigt, dass Eltern heutzutage wohl kaum ihrem Kind den Beruf der Altenpflegerin oder Erziehers empfehlen, um finanziell gut für sich auszusorgen. Das sind zwar so richtig sinnvolle Jobs, die auch absolut Zukunft haben. Aber die „selbstverständlich“ auch nicht gut bezahlt werden – von weiteren Arbeitsbedingungen mal ganz zu schweigen. Gleiches widerfährt uns in moralisch aufgeladenen Bereichen wie zum Beispiel Nachhaltigkeit: „Der Job ist doch schon super sinnvoll, was verlangt man da noch Geld?" In diesen Kreisen erkennt man langsam, dass man offenbar ein Problem mit Geldverdienen hat und fragt sich inzwischen laut: Darf man viel Geld verdienen, wenn man Gutes tut? Ich kann darauf nur entgegnen: Darf man etwa viel Geld verdienen, wenn man Schlechtes tut? Der Publizist und Autor David Graeber (*Bullshit Jobs*) drückte es in etwa so aus: Je sinnvoller ein Job, desto schlechter ist er bezahlt. Mal abgesehen davon, dass es auch im gemeinnützigen Bereich Leute gibt, die sehr gut (und im gewinnorientierten Bereich sehr schlecht) verdienen, ist das einer der zentralen aktuellen Fragen in der Arbeitswelt: Was ist Arbeit wert? Und wer bestimmt darüber, wer steuert das? Der Markt? Wohl kaum. IT-Spezialisten werden so fantastisch bezahlt, weil die Nachfrage nach ihnen so hoch ist? Wirklich? Warum gilt das nicht in auch nur annähernd ähnlicher Dimension, für Kellner*innen, Krankenpfleger*innen und Arzthelfer*innen? Die Selbstregulierung oder auch die „unsichtbare Hand" versagt hier, wie wir alle erleben.

Es geht im Gerne-Prinzip weder darum, die Arbeitswelt für einzelne Menschen erträglicher oder ein bisschen schöner zu machen. Noch geht es darum, dass alle Menschen mit ihrer Arbeit die ganze Welt retten müssten. Und auch die Organisationen sind kein Selbstzweck. Dies alles nährt für meinen Geschmack viel zu sehr die Logik der kapitalismusgeprägten Arbeitswelt von Produktivität, Gewinn und Arbeitsfähigkeit. Ich beziehe mich auch hier auf den Dreiklang der Dimensionen: Erstens darum, dass Menschen, die für ihren Lebensunterhalt und für ihre Teilhabe an der Gesellschaft arbeiten, selbstbestimmt bleiben dürfen und weder Angst noch Stress in ihrem Job haben müssen. Zweitens darum, dass wir uns in den Organisationen gegenseitig eine effektive und zugleich wohlwollende Arbeitskultur schaffen. Und drittens darum, dass wichtige Aufgaben erledigt werden.

3. Das Ziel darf nicht im Weg sein

Nach dem bewertungsbewussten Blick auf das Vorhandene und dem daran anknüpfenden Fokus auf das Gelingende komme ich zum dritten Leitgedanken des Gerne-Prinzips, zur ergebnisoffenen Serendipität, die so viel bedeutet wie: „Nicht gesucht, und dennoch gefunden!" Wohin also geht die Reise weiter?

Serendipität ist zugegebenermaßen ein Modewort, das aber die Idee des Gerne-Prinzips dermaßen trefflich beschreibt, dass ich es schon seit einigen Jahren benutze. Es beschreibt das Gegenteil von „Zielen", namentlich das Phänomen, etwas zu entdecken, wonach man gar nicht gesucht hatte. Wonach man auch gar nicht hätte suchen können, weil man noch gar nicht wissen konnte, dass es das überhaupt gibt oder geben könnte! Möglichkeitsräume für Unvorhergesehenes. Allerdings setzt es grundsätzlich eine interessierte aufmerksame Haltung voraus, ist also mehr als ein Zufall. Klassische Beispiele dafür sind Entdeckungen, wie beispielsweise die des Penicillins, das Alexander Fleming durch zufällige Beobachtung während eines Experiments fand. Dieser Gedanke der Ergebnisoffenheit durchdringt das Gerne-Prinzip: Die biographische Arbeit wird von dem Anspruch geleitet, den weiteren Weg möglichst frei von Voranahmen und konkreten Wunschergebnissen zu gehen.

Serendipität ist unser Modus, den wir für die Jobsuche nutzen, und die dadurch eigentlich keine Jobsuche mehr ist, sondern deren Vorbereitung. Im Gerne-Prinzip vermeiden wir es entsprechend konsequent, Ziele zu erarbeiten: Es wird kein zu erfüllender individueller Zeitplan mit Meilensteinen und Indikatoren oder dergleichen erstellt. Ganz im Gegenteil: Selbst die Idee, einen Job zu finden, ist kein Ziel im Gerne-Prinzip, es ist einer der entscheidenden Gelingensfaktoren der Methode, radikal zu vergessen, dass man einen Job sucht. Schließlich geht es um mehr als den nächsten Job – es geht um den Menschen, der sein vor ihm liegendes (Berufs-)Leben gestalten möchte. Wir engen daher die Suche nicht auf ein Ziel ein, das wie ein Job aussieht (und in Wirklichkeit zum Beispiel nur eine Stellenanzeige ist) und setzen auf die viel größeren und noch nicht greifbaren Möglichkeiten, die das Unvorhergesehene der Zukunft bereithält. Wenn man nach etwas sucht, das man schon kennt, kann man nichts Neues außerhalb des Tellerrandes finden. Ich verspreche nicht, dass man mit dem Gerne-Prinzip einen Job findet. Aber ich verspreche, dass die Chancen darauf enorm steigen, dass mehr Optionen sichtbar werden, sich der Möglichkeitsraum erweitert.

Und so, wie das „Gerne“ so leicht daherkommt und doch so anspruchsvoll zu erarbeiten ist, so ist dieses „Vergessen, dass man einen Job sucht“ für viele eine der schwierigsten Herausforderungen. Die meisten Leute kommen ja nicht zu mir oder ins Coaching, weil es bei ihnen im Job so rund läuft, sondern weil, beziehungsweise erst dann, wenn sie akut auf der Suche nach einer für sie besseren Arbeitssituation sind. Es ist zum Glück nie zu spät dafür! Aber es erklärt auch, warum es mir besonders am Herzen liegt, das Gerne-Prinzip insbesondere an junge Menschen zu Beginn ihres Berufslebens heranzutragen und zum Beispiel an Menschen weiterzugeben, die Berufsorientierung an Schulen anbieten.

Und so, wie das „Gerne“ auf den ersten Blick diffus erscheint, in Wirklichkeit aber doch so viel klarer, belastbarer und ein härteres Kriterium als alle anderen ist im Versuch, Kompetenzen oder Ansprüche zu bewerten, genauso mag es zunächst nervös machen, wenn einem das Gerne-Prinzip die klassische Zielorientierung nimmt. Und durch das Zufällige, das Unvorhersehbare ersetzt. Doch keine Sorge, ziellos bedeutet nicht orientierungslos! Man kann sich in einem Gelände wunderbar frei und bewusst bewegen, ohne ein Ziel zu haben, und sich dabei ganz vortrefflich orientieren, zum Beispiel mit einer Landkarte des Geländes. Dabei wird man ohnehin schnell feststellen: „The map is not the territory“, ein passendes Zitat zu diesem Thema, das üblicherweise dem polnischstämmigen, US-amerikanischen Ingenieur und Semantiker Alfred Korzybski zugeschrieben wird. Im echten Gelände entdeckt man womöglich hier einen Schleichweg, der noch nicht eingezeichnet war. Oder dass dort ein Weg inzwischen versperrt oder falsch eingezeichnet war.

Im Gerne-Prinzip gibt ein lebendiges Modell (eine „Sonne"), in dem die verbalisierten, reflektierten und priorisierten Gerne-Fähigkeiten und Gerne-Ansprüche verortet und dynamisch nachjustiert werden können, Orientierung. Wie eine persönliche Landkarte, in die man während der Reise aber auch Korrekturen eintragen kann. Außerdem ist der eigene Ausgangspunkt bekannt (Standortbestimmung) und man weiß, was man im Gepäck hat.

Während man bei der klassischen Jobsuche ausgestattet mit (nur) formalen Fähigkeiten von einem nicht genau bekannten Startpunkt aus in unbekanntem Terrain ein ganz konkretes Ziel ansteuern soll – so fühlt es sich im Gerne-Prinzip klar, stabil und freudig aufgeregt an. Für eine interessierte, bewusste Erkundung des Geländes wäre nur eines besonders hinderlich: Ein konkretes Ziel!

Mit einem Ziel verhält es sich meiner Meinung nach nämlich so: Oft erweist es sich als schwer oder nicht erreichbar, und man verfehlt es. Was frustrierend ist. Oder man verliert es aus den Augen und erinnert sich nur manchmal mit schlechtem Gewissen daran. Die blödeste Variante ist jedoch, wenn man das Ziel gradlinig angepeilt, nicht nach rechts und links geschaut, möglicherweise unangenehme Hindernisse überwunden hat – und dann feststellt: „Oha, Das ist ja gar nicht so toll, wie ich dachte!" Und ich finde das nicht einmal verwunderlich, denn: Wie hätte man das auch vorher wissen können? Man war ja noch nie vorher dort, am Ziel.

Meine Erfahrung aus der Arbeit im Bildungs- und Arbeitskontext ist: So geht es sehr vielen Leuten. Wenn jemand zu mir kommt und etwas sagt wie: „Ich möchte gern Modedesigner werden", dann ist meine ehrliche Reaktion darauf: „Ach, wirklich? Woher weißt du das? Warst du das schon mal?" Ernsthaft, sich an noch unbekannten Zielen zu orientieren in einem komplexen, unvorhersehbaren, unübersichtlichen, sich ständig verändernden Gelände, ist kein guter Rat. Das kann ein sehr mühsamer und langer Weg werden, der nicht von Freude gekrönt sein muss.

Mein dazu passender Kalenderspruch für das Gerne-Prinzip lautet daher auch nicht, dass der Weg das Ziel sei, sondern: „Das Ziel darf nicht im Weg sein!" In der Arbeitswelt, für die Jobsuche und Berufsorientierung (und übrigens auch für die Suche nach Mitarbeitenden) braucht man Offenheit für Neues und einen geschärften Blick auf das, was vorhanden ist. Wir sollten immer gut genug wissen, wo wir gerade sind, und ob es uns dort gut geht, wir uns am richtigen Platz fühlen. Wir sollten immer wieder nachschauen, was wir dabeihaben und ob wir es gerne dabeihaben oder ob es uns belastet. Auf diese Weise könnte sich jemand, der von Modedesign träumt, erstmal darüber klar werden, dass er sich meinetwegen für „Mode in der Skaterszene" interessiert, und sich gern selbst modisch kleidet. Und er gerne andere dazu berät und gute Ideen hat, was cool aussehen würde. Und wenn er dann seine Gerne-Fähigkeiten und -Ansprüche näher kennt, findet er vielleicht heraus, dass ihm nicht das Modedesignen, sondern zum Beispiel eher das Scouten neuer Trends und die Mitarbeit bei einem Modemagazin oder das Fotografieren viel mehr liegt. Oder dass es gar nicht so sehr um Mode geht, sondern ihn urbane Straßenkulturen interessieren und er sich lieber mit Soziologie beschäftigen will etc.

Das Gerne-Prinzip bewahrt vor vorschnellen, unterkomplexen Abkürzungen zu vermeintlich naheliegenden Entscheidungen.

Sich ohne die „Wie kann ich damit einen Job finden"-Gedanken und ohne konkretes Ziel auf den Weg zu machen, ist ungewohnt und daher nicht immer einfach. Aber es macht viel Spaß! Die vermeintlichen Abkürzungen meiden und sich nicht verleiten zu lassen, Jobs anzunehmen oder anzupeilen, nur weil man sie „gut" könnte (aber nicht gerne macht), tut vielen Menschen letztlich gut. Außerdem spart man Zeit! Man darf im „Gerne" bleiben, neugierig sein – und hinter der ein oder anderen Ecke lauert eine passende Gelegenheit, die man als solche erkennen kann und nur ergreifen muss. Zack, schon ist man an einem „Ziel" angekommen. Und weil das Leben weiter reicht als bis zum nächsten Job, macht man sich dann zu gegebener Zeit von da aus weiter auf den Weg.

Serendipität ist dabei mehr als der glückliche Zufall, der einem in den Schoß fällt, während man dösend vorm

Computer oder auf dem Sofa hockt. Auf den kann man im Zweifelsfall lange warten. Auch ist fraglich, ob man ihn überhaupt erkennt. Serendipität entsteht vielmehr durch Interesse, durch Neugier, durch das In-Bewegung-Sein. Sie bedarf der Aktivität und der Lust darauf, das Gelände erkunden oder ein Experiment ergebnisoffen durchführen zu wollen. Und sich damit dem Leben zur Verfügung zu stellen. Sie braucht Bewusstsein und Reflexion. Und um für die Jobsuche in Bewegung zu kommen, gibt es im Gerne-Prinzip einen weiteren Leitgedanken:

4. Interessiert statt interessant

Ausgestattet mit Standortbestimmung, Ausrüstung, Landkarte und dem Serendipitätsgedanken gilt es, nun nicht in den klassischen Bewerbungsmodus zu verfallen und das bisher Erarbeitete verwertungslogisch als den eigenen Marktwert zu betrachten – und sich nicht entsprechend letztlich doch wieder nur zu vermarkten.

Das Gerne-Prinzip setzt bei der Jobsuche, bei der man ja vergisst, dass man einen Job sucht, weiter auf die Kraft zwischenmenschlicher Begegnungen und Erfahrungen. Nichts ersetzt die Resonanz. Und die entsteht nur, wenn man etwas mit eigenen Augen, Ohren, mit allen Sinnen erlebt.

Die Gründe für Kündigungen oder für das Scheitern von Zusammenarbeit liegen häufig im zwischenmenschlichen, persönlichen Bereich. Wenn man mit oder für Menschen arbeitet, mit denen man sich nicht wohl fühlt. Wenn man an Orten arbeitet, die man nicht mag, wenn man etwas tut, was einen stresst oder nervt – dann ist man in Gefahr, den Job nicht gut zu machen oder krank zu werden. Oder man selbst verlässt den Job, sofern man es sich leisten kann. Selbst die interessanteste Arbeit wird zur Qual, wenn der Kollege, mit dem man zusammenarbeiten muss, nervt. Oder wenn die Chefin stresst oder die Kund*innen unfreundlich sind. Oder wenn einem die Arbeitsräume zu laut, zu dunkel, zu anonym, chaotisch oder was auch immer sind. Oder die Wertschätzung fehlt oder die eigenen Werte verletzt werden. Man sollte diese Faktoren sehr ernst nehmen und diese Umstände gut kennen, bevor man sich für eine Arbeit entscheidet. Ja, richtig gelesen: sich für eine Arbeit entscheidet. Einer der Gründe dafür, warum so viele Jobs noch während der Einarbeitung – innerlich oder tatsächlich – gekündigt werden, ist, dass man in der Regel der Arbeitgeberseite die Entscheidung über die Zusammenarbeit überlassen hat, anstatt auch sich selbst bewusst dafür oder dagegen zu entscheiden. Bewerber*innen lassen sich meist mehr oder weniger passiv „aussuchen". Dieses Muster steckt uns allen so tief in den Knochen, dass selbst der sich verschärfende Fachkräftemangel es kaum aufzubrechen vermag und wir alle Arbeitgeber nach wie vor per Definition am längeren Hebel wähnen.

Sogar selbst im klassischen Bewerbungsprozess spielt der Aspekt der persönlichen Begegnung eine wichtige Rolle, zum Beispiel wenn nämlich der berühmte „Nasenfaktor" entscheidender als alle Referenzen ist, wie ich das „Glücksspiel Bewerbungen" erlebe. Nur wird diesem Resonanzmoment wenig Beachtung geschenkt.

Ich kann gut verstehen, dass manche es befremdlich finden, wenn ich dazu rate, ein Jobangebot abzulehnen, nur weil einem dort etwas nicht passt, man beispielsweise zu zehnt im Großraumbüro arbeiten müsste. Oder weil man sich dort einem Dresscode verpflichtet oder die dortige Stimmung nicht gut aushält oder der Kollege nie lächelt. Mir ist vollkommen klar, dass man es sich erstmal leisten können muss, einen Job aus solchen Gründen nicht anzunehmen. Gleichzeitig denke ich, dass wir genau diese Aspekte in der Arbeitswelt ernster nehmen sollten. Denn wem nützt es, wenn jemand ungerne zur Arbeit geht und nicht vernünftig arbeiten kann? Wie gesagt: Die besten Referenzen nützen niemandem, wenn es im Alltag nicht passt.

Wie einem ein Job gefallen könnte, sortieren wir in der Theoriearbeit mit den Gerne-Faktoren vor und malen es in Zukunftsvisionen plastisch aus – in permanenter Resonanz mit anderen im Gruppensetting. Resonanz durchdringt das gesamte Gerne-Prinzip, nicht nur die im Folgenden beschriebene Rechercheireise. Auch die dynamische Biographiearbeit, in der Biographie nicht als Produkt oder linearer Prozess, sondern als Konstrukt und Potenzial verstanden wird, resoniert. Sich gegenseitig Feedback zu geben und zu begleiten, erzeugt ein „Dazwischen" und fördert unsere Resonanz- oder Schwingungsfähigkeit.

Und so wie Fußball „auf'm Platz" ist, wie der Fußballer Alfred Preißler einmal feststellte, so ist Jobsuche „in der Arbeitswelt". Selbst die gründlichste biographische, mit sich und anderen verhandelte Vorbereitung mit Gerne-Faktoren und allem Drum und Dran ist zwar immerhin schon aus einer echten (vergangenen) Realität entstanden, aber trotzdem noch nicht im aktuellen realen Außen. Es

ist zwar schon viel gewonnen, weil man sich klar darüber geworden ist, dass die eigenen Vorstellungen davon, wie es zum Beispiel wäre, Modedesigner zu sein, nicht mehr und nicht weniger als Vorstellungen im Kopf sind – für die Zukunft kann man schließlich nicht mehr als Konstrukte erarbeiten. Für den Abgleich in der gegenwärtigen realen Welt muss man nun aber raus ins Feld!
Diesen Realitycheck kann man auch gut auf Entscheidungen in anderen Lebensbereichen übertragen oder abgucken. So fand ich es immer sehr hilfreich, mir die potenziellen Schulen für meine Kinder vorher mal selbst anzuschauen, anstatt auf Hörensagen oder Websites zu vertrauen, die entweder veraltet, langweilig oder todschick waren und selten mit dem persönlichen Eindruck übereinstimmten: die Stimmung auf dem Schulhof erleben, ein kurzer Schnack mit einer Lehrerin, ein Blick auf den Speiseplan und mal in die Toilettenräume schauen, und schon ist man schlauer.

Ein kurzes eigenes Erlebnis hat meiner Meinung nach mehr Informationsgehalt als aufwändiges Marketing und intensive Internetrecherche. Und wie bei der Bewertung der eigenen Fähigkeiten gilt auch hier: Nur, wenn man es selbst für passend befindet, zählt es auch. Es nützt dir nichts, wenn andere sagen: „Die Frau Sowieso ist eine tolle Chefin!“, wenn sie nicht dein Fall ist.

Fester Bestandteil des Coachings nach dem Gerne-Prinzip ist daher, den Arbeitsmarkt empirisch zu erschließen. Das heißt: Es mündet nicht einfach in Bewerbungen auf Stellenanzeigen oder mit Initiativbewerbungen. Vielmehr wird jetzt das Gelände erkundet. Serendipität braucht wie gesagt Aktivität und Bewusstheit. Dafür machen wir uns erneut etwas zunutze, was wir in der Arbeitsrealität längst bestätigt wissen: Zwei von drei Jobs werden faktisch über Beziehungen vergeben. Das mag unfair und nach Vetternwirtschaft klingen – ist in Wirklichkeit aber nur dann schlimm und ungerecht, wenn das intransparent geschieht und Abhängigkeiten schafft oder bedient. Ansonsten spricht nichts dagegen – um nicht zu sagen: Es spricht viel dafür, sich für eine Zusammenarbeit zu entscheiden, weil man sich kennt, einander vertraut, sich gegenseitig etwas zutraut. Weil es auf einer Beziehung basiert. Wer andere Menschen zu ihren persönlichen Erfahrungen und Einschätzungen befragt, an die verschiedenen Arbeitsorte geht, sich eigene Eindrücke verschafft, erfährt und erzeugt Resonanz. Am besten gelingt dies entlang eines Themas, das man interessant findet und das einen mit diesen Menschen verbindet. Und wenn es in serendipitätischer Haltung geschieht. Also ohne konkrete Jobsuch-Absicht, ohne direkt verwertbaren Zweck, ohne Ziel und Nützlichkeitserwartung. So erforscht man systematisch die Arbeitswelt. Eine solche empirische Untersuchung persönlicher Art kann mit verschiedenen einfach zu bedienenden Recherche-Tools sehr systematisch und mit Tempo gestaltet werden. Wichtig ist, dass sie zu dem

Menschen passt, der sie durchführt, ihm angenehm ist. Dann ist sie ein hilfreicher roter Faden, der zu aufschlussgebenden Begegnungen führt, Beziehungen schafft, Erkenntnisse ermöglicht: Man spricht mit jedem und jeder, der oder die einem rund um ein Thema begegnet, egal wie toll oder langweilig man deren Jobs finden mag. Nur um der Begegnung willen. Frei nach der Aerobic-Ikone und Aktivistin Jane Fonda: Mit dem Gerne-Prinzip geht man interessiert durch die Welt, anstatt zu versuchen, möglichst interessant zu wirken. Dann kann Serendipität ganz praktisch ihre Superkraft entfalten auf dieser Recherchereise. Dann erzählt einem ein erfahrener Modedesigner vielleicht, wie penibel er arbeiten muss und wie gerne er viel Geduld dafür täglich in seinem Job aufbringt. Und bringt einen auf die Idee, mal mit seiner Modefotografin zu sprechen, die man wiederum bei einem Shooting auf einem Graffiti-Festival trifft, wo man auf das Thema urbane Jugendkultur stößt und so weiter …

Diese Recherchereise geschieht in einer wertschätzenden und transparenten Haltung, mit der man sich aufrichtig verhält und es nicht um Vorteilverschaffen in Bewerbungsprozessen geht. In der man offen legt, sich beruflich neu orientieren zu wollen – für eine konkrete Jobsuche (ein konkretes Ziel) aber noch zu wenig über die Möglichkeiten rund um ein Thema weiß. Und tatsächlich: Es geht darum, handfeste Informationen aus erster Hand zu sammeln, über den Tellerrand zu kommen und mehr neue Optionen zu entdecken. Darum, irgendwann auf Orte zu stoßen, die ein hohes Gerne-Potenzial für einen selbst haben. Ein Gefühl dafür zu bekommen, auf welche Menschen man dort trifft. Wir erhalten sachliche Informationen, persönliche Eindrücke und knüpfen Netzwerke. Hierfür muss man sich übrigens nicht selbst darstellen können, wir reden hier nicht von stressigen Bewerbungs- oder Vorstellungssituationen! Im Gegenteil, man geht als fragende, nicht als sich selbst vermarktende Person in die Interviews. Diese Methode eignet sich für alle Menschen, also eben auch für solche, die eher zurückhaltend sind oder sich für schüchtern halten. Und auch für Leute, die keine Anstellung suchen, sondern sich selbständig machen wollen oder es schon sind.

Reale Informationen sind die Grundlage für selbstbestimmte Entscheidungen in komplexen Fragen. Und wie nebenbei verbindet man sich mit anderen Menschen, baut sich ein ganz persönliches Netzwerk auf, in welchem man sich in Zukunft weiterbewegen und gegenseitig unterstützen kann. Und das ist aus gesellschaftlicher Sicht und mit Bezug auf die drei Dimensionen das Beste: Mit dem Gerne-Prinzip können sich auch weniger privilegierte Menschen ohne gute Kontakte und „Vitamin B“ solche Netzwerke aufbauen.

Ich bin überzeugt davon, dass wir für eine gelingende Arbeitswelt mehr Resonanz zulassen müssen, weil alles andere zu noch mehr Entfremdung, zu Missverständnissen, Fehlbesetzungen und zu ungerechten Zuständen führt. In unserem urmenschlichen Grundbedürfnis nach sowohl Verbundenheit als auch Autonomie helfen uns Gespräche, Beziehungen und Erlebnisse, um die Komplexität der Arbeitswelt handhaben zu können.

Sie trainieren Reflexionsfähigkeit und die innere Verbundenheit mit uns selbst, stärken Vertrauen und Selbstvertrauen, fördern Verlässlichkeit und Selbstwirksamkeit.

Und auch hier möchte ich festhalten: Das Gerne-Prinzip ist alles andere als ein verträumtes Modell oder nur für Privilegierte mit Luxusproblemen. Es orientiert und konfrontiert sich konsequent an der handfesten Realität und sieht die aktive Bewegung in der realen Welt vor.

5. Auf den Kopf stellen

Alle Leitgedanken und die Auflösung des „Glücksspiels Jobsuche" (siehe oben) profitieren von einem jeweils ungewohnten Blick auf die Dinge: auf die Biographie, die Fähigkeiten, die Zukunft und die Arbeitswelt. Als letzten Leitgedanken möchte ich daher hier das vorstellen, was ich auch als den „Flip" bezeichne: Ich habe die Coachingmethode nach dem Gerne-Prinzip schon vor Jahren „Flipped Job Market" genannt, weil der Perspektivwechsel mein zentrales Motiv für die Entwicklung von Methoden und Konzepten für die Arbeitswelt ist. Der Name ist inspiriert vom „Flipped Classroom"-Ansatz, der die Logik von Schulen umkehrt: Klassischer frontaler Input wird nach Hause verlagert in Form von Büchern, Filmen, Podcasts, da man sich dafür nicht mit 25 anderen Schüler*innen in einem Raum befinden muss. Dafür wird im Gegenzug das Üben von Aufgaben – die klassischen Hausaufgaben – in die Schule zurückgeholt. Denn hierfür ist es hilfreich, jemanden zum Nachfragen neben sich zu haben, mit anderen gemeinsam üben zu können, sich gegenseitig zu unterstützen. Frappierend, oder?

Ähnlich hilft es uns im Gerne-Prinzip, neue Perspektiven einzunehmen und dabei Glaubenssätze, Konventionen und Gewohnheiten zu hinterfragen:

Warum sollte man sich für die Jobsuche gut selbst vermarkten und interessant wirken können? Wo es doch hilfreicher ist, möglichst authentisch zu sein und interessiert zu bleiben. Warum dreht sich bei der Jobsuche alles um den nächsten Job? Wenn es doch in Wirklichkeit nicht um den Job, sondern um das eigene Berufsleben, die Zukunft, Geldverdienen, Wohlergehen geht. Wozu sollte Konkurrenz in der Arbeitswelt nützlich sein? Erleben wir doch das Gegenteil, nämlich dass vor allem Kooperation die Arbeitswelt belebt. Brauchen wir tatsächlich mehr Ernsthaftigkeit, Zielstrebigkeit und größtmögliche Verwertbarkeit von Leistung für die schwierigen Herausforderungen der Zukunft? Ich plädiere lieber für Spaß an der Freude, für mehr echtes, wertebasiertes „Gerne“, für Ergebnisoffenheit, Kunst, eine gelingende Beziehungskultur, um handlungsfähig zu sein. Innovationen sollen der Schlüssel für Weiterentwicklung sein? Dabei sind so viele Lösungen längst vorhanden und verfügbar.

Die einfachste Übung für einen kraftvollen Perspektivwechsel sind Kopfstandmethoden. Anstatt zu fragen, wie man ein Problem lösen könnte, fragt man zum Beispiel: Was könnte ich tun, um das Problem zu verschlimmern? Um so die wichtigsten Stellschrauben zu entdecken, an denen man für eine Problemlösung ansetzen kann.

Eingefahrene Sichtweisen zu hinterfragen, macht den Blick frei auf Neues, schärft den neuen Blick für längst Vorhandenes und bringt Dinge in Bewegung. Auf den Kopf stellen, irritieren, übertreiben, ausprobieren – und dabei nicht aus dem Blick verlieren, worum es im Grunde geht.

Fazit

Das Gerne-Prinzip darf gleichermaßen bestätigen wie irritieren, Stirnrunzeln oder Lächeln verursachen, beruhigen und aktivieren, angewandt werden oder zu weiteren Gedanken inspirieren. Nur eines darf es nicht, wenn es nach mir ginge: Umsetzungs-Stress auslösen! Ich wünsche allen Leser*innen, die sich angesprochen fühlen und die es sich zu eigen machen möchten, wohlwollende Geduld mit sich selbst.

Mit diesem Buch und mit meiner Arbeit möchte ich zu Gelassenheit ermutigen, begründete Zuversicht verbreiten, die unbegründete Angst vor Solidarität nehmen und Lust darauf machen, Verantwortung für die eigene Arbeit zu übernehmen. Wir alle hinterlassen weit mehr als unsere Fußabdrücke, wir alle zusammen gestalten die Welt.

Quellen

Arendt, Hannah: *Vita activa oder Vom tätigen Leben.* Kohlhammer, 1960

Bergmann, Frithjof: *Neue Arbeit, Neue Kultur.* arbor Verlag, 2004

Bolles, Richard: *What Color Is Your Parachute?* Ten Speed Press, 1972

Bregmann, Rutger: *Im Grunde gut: Eine neue Geschichte der Menschheit.* Rowohlt, 2020

Graeber, David: *Bullshit Jobs. Vom wahren Sinn der Arbeit.* Klett-Cotta, 2019

Herzog, Lisa: *Die Rettung der Arbeit. Ein politischer Aufruf.* Hanser Berlin, 2019

Luhmann, Niklas: *Beobachtungen der Moderne.* Westdeutscher Verlag, 1992

Plath, Maike: *Das Veto-Prinzip, Die sieben Säulen gleichwürdiger Pädagogik.* Beltz, 2023

Rasfeld, Margret: *Frei Day: Die Welt verändern lernen! Für eine Schule im Aufbruch.* oekom Verlag, 2021

Rosa, Hartmut: *Resonanz: Eine Soziologie der Weltbeziehung.* Suhrkamp, 2016

Danksagung

Vielen lieben Dank euch allen: Henrike Arlt, Juliane Berghauser Pont, Gunter Dueck, Tim Hantel, Marie Hinkelmann, Katrin Oellerich, Nikola Richter, Udo Schmitz, Andrea Spormann, Julia Tieke, John Webb und allen Flippies! Und ganz besonders dir, André Müller!

Zur herzlichen Erinnerung an Werner Zapf.

Das Gerne-Prinzip

1. Es ist schon alles da
2. Mit Spaß an der Freude
3. Das Ziel darf nicht im Weg sein
4. Interessiert statt interessant
5. Auf den Kopf stellen

Cathy Narriman

Mehr bei mikrotext

Wirmuesstenmalreden (Hg.)
Dear Discrimination
Ein Mitmachbuch zur antirassistischen Weiterbildung

Dieses Mitmachbuch ist deine Chance, marginalisierten Stimmen zuzuhören und die eigenen internalisierten Diskriminierungsformen zu erkennen, zu analysieren und daran zu arbeiten, diese zu vermeiden. Du kannst diesen Lernprozess sogar selbst navigieren, weil du nach dem Lesen der Kapitel zum Zeichnen, Notizenmachen oder Recherchieren aufgefordert wirst.

„*Das Buch ist in diesem (Ent)Lernprozess nie belehrend oder fingerzeigend, sondern lässt Platz für Fehler, bringt der lesenden Person viel Verständnis entgegen und lässt ihr so viel Zeit wie sie braucht.*" Alica Ouschan, FM4

„*Bücher soll man in der Regel lesen, na klar, nur in dieses Buch darf man auch reinschreiben, man soll es sogar.*"
Miriam Zeh, Deutschlandfunk Büchermarkt

www.mikrotext.de
facebook.com/mikrotext
twitter/mkrtxt
instagram.com/mikrotext

1. Auflage 2023

Cover: Inga Israel
Satz: Sarah Käsmayr
Schriften: PTL Attention, Zenon, Minion
Druck und Bindung: CPI Books, Leck

Printed in Germany

ISBN 978-3-948631-39-0